高等学校安全科学与工程类系列教材
中国矿业大学教材建设项目（2020JC14）
江苏省学位与研究生教育教学改革课题（JGKT23_A010）
江苏省高等教育教改研究项目（2023JSJG332）

消防专业实验 II

主编 安伟光 王喆 朱国庆 范传刚 刘洪永

中国矿业大学出版社
· 徐州 ·

内 容 简 介

本书是针对消防专业实验教学体系的建设而编写的，旨在培养学生实践能力、激发学生创新精神。本书实验内容涉及消防专业主干课程，能够帮助学生深入理解所学的理论知识。全书共分为 18 个实验，涉及燃烧学、火灾动力学、热工学、流体力学、材料力学、建筑防火工程等领域的相关实验，包括材料燃烧热值、导热系数、比热容测定实验，建筑材料烟密度测定实验，纺织品垂直燃烧性能和建筑材料燃烧性能实验，隧道火灾蔓延及烟气特征实验，细水雾灭火系统实验，TG-DSC 同步热分析实验，哈特曼粉尘爆炸实验，材料力学性能实验，高校公共建筑安全疏散设计虚拟仿真实验，室内火灾发展过程实验，气体灭火系统实验，铺地材料、防火涂料燃烧性能测定实验，单室火灾烟气流动特点模拟实验等。

本书可作为普通高等学校消防工程及相关专业的实验教材，也可作为从事消防行业相关技术人员的参考书。

图书在版编目(CIP)数据

消防专业实验. Ⅱ / 安伟光等主编. — 徐州 ：中国矿业大学出版社，2024. 6. — ISBN 978-7-5646-6293-6

Ⅰ. TU998.1-33

中国国家版本馆 CIP 数据核字第 20248LE880 号

书　　名　消防专业实验Ⅱ
主　　编　安伟光　王　喆　朱国庆　范传刚　刘洪永
责任编辑　黄本斌
出版发行　中国矿业大学出版社有限责任公司
（江苏省徐州市解放南路　邮编 221008）
营销热线　(0516)83885370　83884103
出版服务　(0516)83995789　83884920
网　　址　http://www.cumtp.com　**E-mail**:cumtpvip@cumtp.com
印　　刷　江苏淮阴新华印务有限公司
开　　本　787 mm×1092 mm　1/16　**印张** 9　**字数** 225 千字
版次印次　2024 年 6 月第 1 版　2024 年 6 月第 1 次印刷
定　　价　26.00 元
（图书出现印装质量问题，本社负责调换）

前　言

开展实践类课程教学有助于培养富有创新精神和消防科学研究潜质的，引领消防科技创新、行业发展及社会进步的技术与管理复合型一流人才。消防专业实验是本专业最重要的实践类课程之一，通过该课程的学习，能够使学生巩固和加深对消防工程理论知识的理解，进一步培养学生实事求是、严肃认真的科学作风，加强学生独立分析和解决问题的能力、综合设计和创新能力，为今后的工作打下良好的基础。

通过调研发现，安全科学与工程类、公安技术类高校的安全类实验教材较多，部分文献或者书籍零散介绍了消防专业实验。但是，系统、完整、全面地介绍消防专业实验的教材少之甚少。这给消防专业实验教学带来了很大阻碍，使得学生课前预习效果差、课上实验操作生疏、实验参与度低、实验报告撰写质量低。因此，编写消防专业实验教材十分必要。

本书基于理论课程教学内容，设置相关的消防专业实验项目，通过实验巩固、加深和扩展对所学专业主干课程理论知识的理解。全书共分为 18 个实验，内容包括材料燃烧热值测定实验、材料导热系数测定实验、材料比热容测定实验、建筑材料烟密度测定实验、纺织品垂直燃烧性能测定实验、建筑材料燃烧性能实验、隧道火灾蔓延及烟气特征实验、细水雾灭火系统实验、TG-DSC 同步热分析实验、哈特曼粉尘爆炸实验、材料力学性能实验、高校公共建筑安全疏散设计虚拟仿真实验、室内火灾发展过程实验、气体灭火系统实验、铺地材料燃烧性能测定实验——辐射热源法、防火涂料阻火性能测定实验——小室燃烧法、防火涂料耐燃性能测定实验——大板燃烧法、单室火灾烟气流动特点模拟实验。

本书由中国矿业大学安全工程学院消防与公共安全研究所安伟光、朱国庆、刘洪永、王喆和中南大学消防工程系副主任范传刚编写完成。在本书编写过程中，得到了中国矿业大学安全工程学院王亮、陈小雨等的支持和帮助，在此表示衷心的感谢。在本书编写和录入过程中，还得到了研究生王降雪、张童程、丁钧、薛晶云等的大力协助，在此也表示感谢。

由于作者水平所限，书中疏漏之处在所难免，请读者不吝赐教，以便再版时加以修正。

作　者

2023 年 12 月

目 录

实验 1

材料燃烧热值测定实验

随着火灾科学和消防工程学科领域研究的不断深入和发展，材料燃烧特性的内涵也从单纯的火焰传播和蔓延，扩展到包括燃烧热释放速率、燃烧热值、燃烧烟密度以及燃烧产物毒性等参数。材料燃烧热值测定是在标准条件下，将特定质量的试样置于一个体积恒定的热量测定仪中，以测试温升为基础，在考虑所有热损失及汽化潜热的条件下，计算试样的燃烧热值。该参数既是对材料燃烧性能进行分级的直接判据，也是计算火灾有效荷载的基础数据。本实验阐述了燃烧热值测试仪的实验原理，对材料燃烧热值测定的实验方法和主要影响参数进行了介绍。

一、实验目的

(1) 掌握燃烧热值测试仪的实验原理及使用方法，学会测定材料的发热量。

(2) 通过绘制温度-时间曲线，了解材料燃烧过程中热量的释放规律。

二、实验原理

关于热值的概念有：

① 热值：单位质量材料燃烧放出的热量；

② 总热值(高热值)：单位质量材料完全燃烧后放出的热量，其中燃烧产物中的水蒸气凝结成液态水；

③ 净热值(低热值)：单位质量材料完全燃烧后放出的热量，其中燃烧产物中的水蒸气仍以气态存在。

经某一过程温度变化为 Δt，吸收(或放出)的热量：

$$Q = c \cdot m \cdot \Delta t \tag{1-1}$$

式中　c——试样的比热容；

m——试样的质量；

Δt——温度差。

氧弹量热法实验原理主要为：

(1) 将干燥试样放入不锈钢制成的耐压氧弹中，用氧气瓶将氧弹充氧至压力 2.6～

2.8 MPa，利用电流加热氧弹内的金属丝使试样着火，试样在压力和过量的氧气中完全燃烧，燃烧产生的热量被内筒中的水吸收，根据水温的上升并进行一系列温度校正后，可计算出单位质量材料燃烧所产生的热量，称为氧弹发热量 Q_b。

(2) 氧弹内试样的燃烧是在高温高压下进行，所以试样中的氮和氧弹内氧气生成氧化物并溶解在水中变为稀硝酸；试样中的硫在氧弹内则生成稀硫酸。上述稀硝酸和稀硫酸的生成及溶解于氧弹内水的过程均为放热反应。从 Q_b 中减去硝酸、硫酸的生成热和溶解热后即得到材料的恒容高位发热量 Q_{gr}。

(3) 燃烧会生成水和二氧化碳，Q_{gr} 中包含水的冷凝热，而材料在常规燃烧时水呈蒸汽状态随燃烧废气排出，因此需从 Q_{gr} 中减去材料燃烧后水的冷凝热，得出工业上实用的恒容低位发热量 Q_{net}。

三、实验仪器

实验仪器为燃烧热值测试仪，主要包括恒温式热量测定仪及微机量热控制系统等。本实验大都采用 CT5000A 型多用热量测定仪，该型号测定仪为计算机系统自动控制、具有数据处理功能的自动化热量测定仪器，广泛用于建筑材料、煤炭、石油、食品、木材、炸药等可燃物发热量测定。实验仪器示意图和实物图分别如图 1-1、图 1-2 所示。

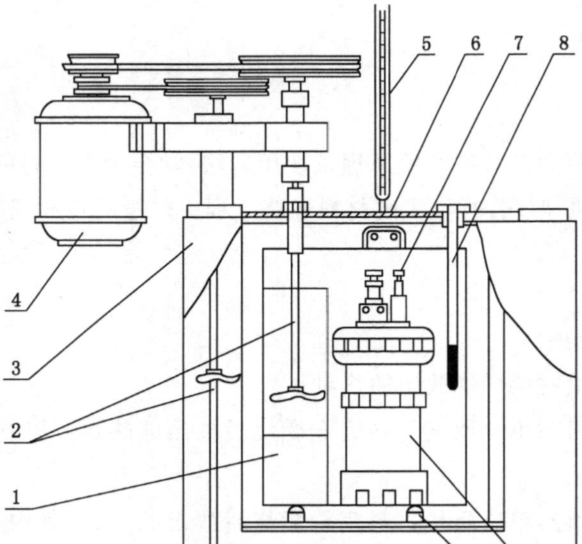

1—内筒；2—搅拌器；3—外筒；4—搅拌电机；5—外筒温度计；6—内筒盖；7—电极；8—测温装置；9—氧弹；10—绝热支架。

图 1-1 实验仪器示意图

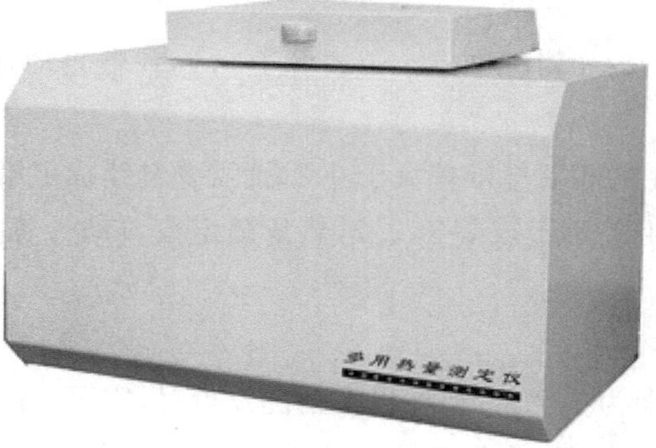

图 1-2　实验仪器实物图

四、实验条件

为保证实验的顺利进行，在实验开始之前首先要确保实验环境满足以下条件，否则会对实验结果的准确性产生影响甚至导致实验不能正常完成：

(1) 实验在单独房间内进行。

(2) 室温恒定，温度变化小于 1 ℃，温度为 10～30 ℃。

(3) 室内无强烈热源和空气对流。

(4) 避免阳光直射。

五、实验内容与方法

(一) 标定

热量测定仪是精密仪器，需要定期标定，保证结果的准确性，具体标定步骤如下。

1. 苯甲酸试样制作

苯甲酸必须是在干燥后压饼制成的，粉末状苯甲酸在 50 ℃的干燥箱中放置 6 h 以上，再对其进行压饼。

2. 标定参数设置

(1) 设置苯甲酸热值：在系统设置中有“苯甲酸热值”，在此栏目框输入苯甲酸的热值(一般为 26 470 J/g 左右)。

(2) 调整注水时间：在系统设置中有“注水时间”，调整注水时间使注水面刚刚埋没氧弹头。(调整注水时间后用“测试”菜单下“注水测试”功能来反复测试注水时间)

(3) 调整定水位时间：在系统设置中调整好定水位时间，反复测试注水、定位后水平面的位置，每次应该一致。内筒水量决定了热容量大小。

(4) 在热量测定仪界面上选择“热容量标定”。(一般是单选框，在“热容量标定”前打对钩)

3. 操作步骤

(1) 标定前把外筒水加满，在不锈钢坩埚内称取一片苯甲酸→加装棉线点火→向氧弹内注入 10 mL 蒸馏水→充氧 30 s→放入热量测定仪内筒三角支架→盖上盖点击“开始”。

连续标定 5 次。

(2) 如果 5 次热容量的相对标准差小于或等于 0.2,仪器自动计算平均值,并自动输入到系统设置内。

(3) 如果 5 次热容量的相对标准差大于 0.2,则需要继续标定第 6 个、第 7 个等,直到其中 5 个热容量的相对标准差小于或等于 0.2,热量测定仪自动计算热容量的平均值并输入到系统设置内。

4. 注意事项

热容量标定的有效期为 3 个月,但在以下情况发生时,需要立即重新标定:

(1) 正常使用中的热量测定仪经过较大幅度的搬动。

(2) 更换热量测定仪氧弹的较大部件,如氧弹盖、连接环等。

(3) 更换热量测定仪温度计。

(4) 测定发热量时,内筒实际水温与热容量标定时的内筒平均水温相差 5 ℃以上。

(5) 热量测定仪经过大修,并完全换水之后。

如果热量测定仪的使用环境长时间未发生重大改变,每年同样需要根据使用地的季节变化,分为春、夏、秋、冬季,各标定一次。

(二) 测定

(1) 称取试样 0.900 0～1.200 0 g。

首先需要称取一定质量的试样作为测定热量的燃烧材料,采用带有清零功能的电子天平作为测量工具(图 1-3),操作步骤如下:

① 将包纸放入天平中,测量出包纸的质量,记录下来。

② 包纸继续放在天平上,清零。

③ 通过挖勺控制实验试样的质量维持在 0.900 0～1.200 0 g,记录试样质量。

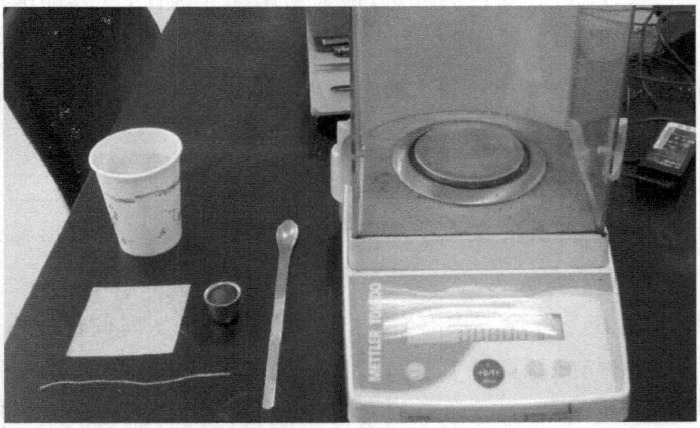

图 1-3　称取试样

(2) 压制药丸,进行包裹。

① 将压制药丸的两个钢块按图 1-4 中方式放置,将实验试样慢慢加入凹槽中,装填完成后进行压制,制作药丸。

② 取出两个钢块，上方钢块不变，下方钢块翻转，再次压制，使得药丸掉入下方凹槽中。

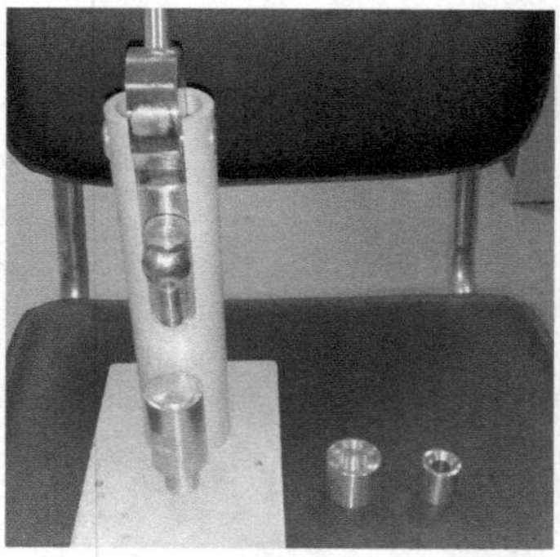

(a) 压片机组件

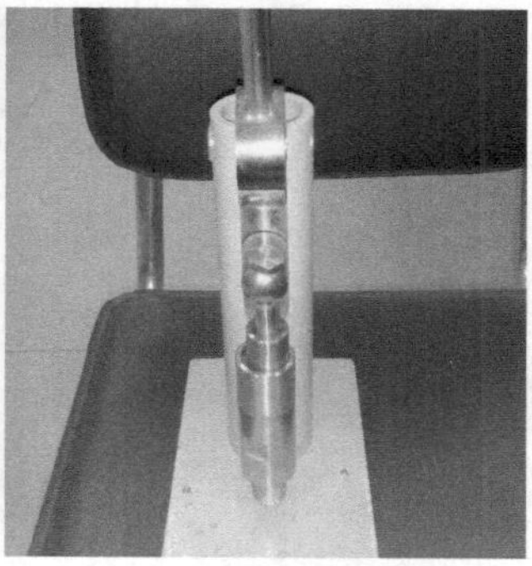

(b) 压片机压制

(c) 钢块

(d) 钢块上下放置

图 1-4　药丸压制步骤

③ 重新称量药丸的质量，确保药丸的质量在 0.900 0～1.200 0 g 之间，用包纸包裹药丸并用棉线捆绑，如图 1-5 所示。

(3) 放置点火丝。

将捆绑药丸的棉线与仪器的点火丝进行可靠连接，保证实验时点火过程的顺利完成，应注意棉线不能过紧也不能过松，如图 1-6 所示。

图 1-5　药丸捆绑

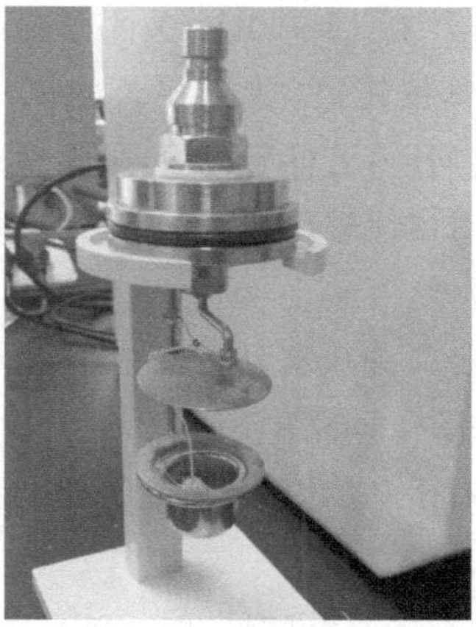

图 1-6　点火丝放置示意图

(4) 取 10 mL 蒸馏水放入氧弹中，如图 1-7 所示。

(5) 将氧弹上部和下部(图 1-8)结合起来，旋紧。

图 1-7 氧弹加水

图 1-8 氧弹旋紧

(6) 对氧弹进行加氧，如图 1-9 所示。

图 1-9 氧弹加氧

利用氧气气瓶为氧弹加氧：打开氧气气瓶总阀，按压充氧仪头部按钮，释放掉细管中的空气；将充氧仪安装到氧弹的上部，确保两者紧密结合；按压充氧仪头部按钮进行加氧，待指针稳定后，维持 15 s 以上；关闭总阀，按压充氧仪头部按钮，将充氧仪与氧弹分开；再次按压充氧仪头部按钮，释放掉多余的氧气(氧气气瓶的总压不低于 3.0 MPa，而分压维持在 2.6～2.8 MPa，若低于此值，须更换氧气气瓶)。

(7) 对内筒进行加水，内筒加上水的质量为 2 500.0 g，并将内筒平稳放置于仪器内，如图 1-10 所示。

(8) 将氧弹放置到内筒中，氧弹上的小孔朝外放置，安装电极(安装电极时确保氧弹的最上方没有水)，如图 1-11 所示。

(9) 右手拿测温探头，左手合上主机盖子，将测温探头插入小孔中；打开仪器开关按钮，如图 1-12 所示。

(10) 双击打开软件，输入试样编号、试样质量等参数，进行测定。

(11) 实验结束，实验结果显示、存储或打印，如图 1-13 所示。

图 1-10　内筒加水

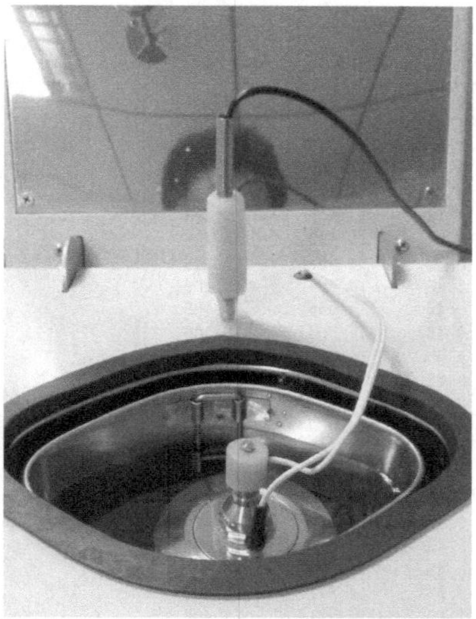

图 1-11　氧弹放入内筒

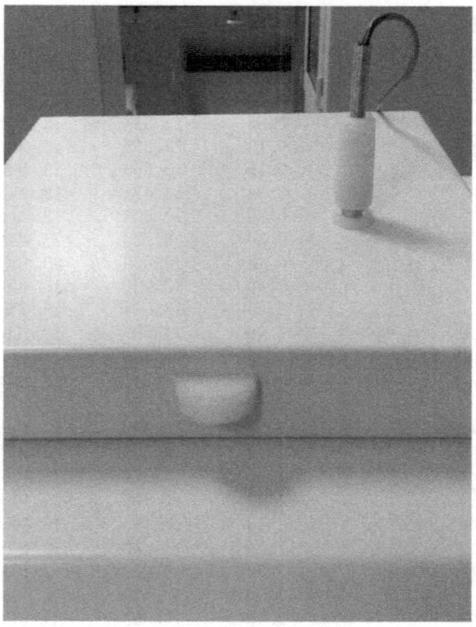

图 1-12　插入测温探头

六、实验结果

该实验典型的结果如图 1-14 所示，其中，Q_b 为氧弹发热量，Q_{gr} 为高位发热量，Q_{net} 为低位发热量。

七、分析讨论

分析实验结果，并讨论该实验的注意事项，分析为何要遵守以下注意事项：

(1) 氧弹采用手拧，忌用工具。

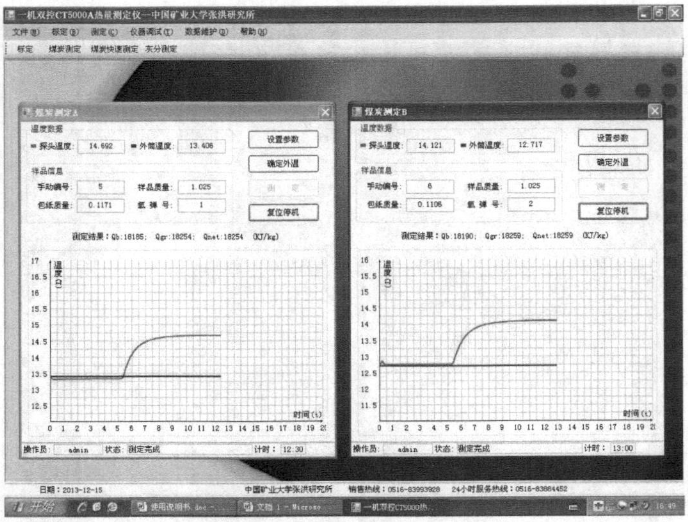

图 1-13　实验结果显示

测定过程报告

样品来源：JC1　　样品编号：　5　　打印日期：2013-12-15

检验仪器：CT5000A型热量测定仪　　样品质量（g）：1.025　　包纸质量（g）：0.1171

时间/min	内筒温度/℃	外筒温度/℃	时间/min	内筒温度/℃	外筒温度/℃
0.00	13.334	13.406	4.48	14.654	13.406
0.06	13.334	13.406	4.54	14.656	13.406
0.12	13.335	13.406	5.00	14.658	13.406
0.18	13.366	13.406	5.06	14.659	13.406
0.24	13.471	13.406	5.12	14.660	13.406
0.30	13.608	13.406	5.18	14.662	13.406
0.36	13.725	13.406	5.24	14.663	13.406
0.42	13.829	13.406	5.30	14.663	13.406
0.48	13.935	13.406	5.36	14.664	13.406
0.54	14.022	13.406	5.42	14.666	13.406
1.00	14.087	13.406	4.48	14.666	13.406
1.06	14.160	13.406	4.54	14.667	13.406
1.12	14.215	13.406	6.00	14.667	13.406
1.18	14.260	13.406	6.06	14.668	13.406
1.24	14.306	13.406	6.12	14.669	13.406
1.30	14.343	13.406	6.18	14.669	13.406
1.36	14.374	13.406	6.24	14.670	13.406
1.42	14.409	13.406	6.30	14.670	13.406
1.48	14.431	13.406	6.36	14.670	13.406
1.54	14.453	13.406	6.42	14.670	13.406
2.00	14.476	13.406	6.48	14.670	13.406
2.06	14.493	13.406	6.54	14.671	13.406
2.12	14.509	13.406	7.00	14.671	13.406
2.18	14.524	13.406	7.06	14.672	13.406
2.24	14.536	13.406	7.12	14.671	13.406
2.30	14.548	13.406	7.18	14.671	13.406
2.36	14.559	13.406	7.24	14.671	13.406
2.42	14.568	13.406	7.30	14.671	13.406
2.48	14.576	13.406			
2.54	14.585	13.406			

测定报告

打印日期：从2013-12-15　到　2013-12-15　　打印时间：2013-12-15

记录总数：1　　检验仪器：CT5000A型热量测定仪

测定日期	样品编号	氧弹号	样品质量/g	包纸质量/g	$Q_b/(kJ\cdot kg^{-1})$	$Q_{gr}/(kJ\cdot kg^{-1})$	$Q_{net}/(kJ\cdot kg^{-1})$	操作员
2013-12-15	6	2	1.025	0.1106	18190	18259	18259	admin

审核人：　　化验单位：中国矿业大学

图 1-14　典型实验结果

(2) 氧弹、弹帽、阀座、弹杯用完清洗。
(3) 密封圈、绝缘垫、绝缘垫套及时检查更换。
(4) 实验用水使用蒸馏水。
(5) 非连续实验时，外筒中的水通过底部放水阀门放掉。

八、实验报告

实验报告由实验指导教师根据实验项目提出具体要求，主要应包括：
(1) 实验目的。
(2) 实验仪器。
(3) 实验步骤(或方法)。
(4) 数据结果及分析。
(5) 分析讨论。

实验 2
材料导热系数测定实验

热量传递有三种方式——传导、对流、热辐射。这三种传热方式基本理论的确立，都经历了一个特别的过程。下面是有关材料导热的研究过程。

18 世纪至 19 世纪初，英国化学家布莱克提出的“热素说”甚是流行。这一理论认为热是一种没有质量、没有体积的流体物质，热素可以进入一切物体内部，物体含有热素越多，温度就越高，反之则越低。这显然是一种错误的解释，因为它不能解释摩擦生热的现象。

1798 年的拉姆福德钻炮筒发热实验和 1799 年的戴维用两块冰摩擦生热转化为水的实验，推翻了“热素说”这一假说，确立了热源来源于物体本身内部的运动。

1804 年，毕渥根据实验提出了单位时间通过单位面积的导热热量正比于两侧表面温差，反比于壁厚，比例系数由材料的物理性质决定。

1822 年，傅里叶发表《热的解析理论》，正确概括了导热的实验结果，被称为“傅里叶定律”，他推导的导热微分方程是导热问题正确的数学描写，成为求解大多数工程导热问题的出发点。因此，傅里叶被公认为导热理论的奠基人。热传导过程的特点是物体各部分之间不发生相对位移，依靠分子、原子及自由电子的热运动传递能量。固体、液体、气体都会发生热传导。

在现代建筑物中，为了保护生态环境、节约能源，需要大量具有隔热、保温等功能的无机非金属材料，这些材料具有一系列的热物理特性。为了合理地使用与选择有关的功能材料，需要用其热物理特性进行热工计算。所以，了解和测定材料的热物理特性是十分重要的。

不同温度的物体具有不同的内能，同一个物体不同区域如果温度不等，则它们热运动的激烈程度不同，含有的内能也不相同。这些不同温度的物体或区域，在相互靠近或接触时，会以传热的形式交换能量。由于材料相邻部分之间的温差而发生的能量迁移称为热传导。在热能工程、制冷技术、工业炉设计等一系列技术领域中，材料的导热性都是一个重要的问题。导热系数是建筑材料最重要的热湿物性参数之一，与建筑能耗、室内环境及很多其他热湿过程息息相关。

一、实验目的

(1) 了解导热系数的基本知识。

(2) 理解瞬态平面热源技术的原理。

(3) 掌握测量材料导热系数的方法。

(4) 掌握根据材料的导热系数判断其导热能力并进行导热计算的方法。

(5) 掌握实验中存在误差的原因及解决办法。

二、实验原理

1. 材料的导热性

导热系数是指在稳定传热条件下，1 m厚的材料，两侧表面的温差为1 K(热力学温度)，在1 h内，通过1 m^2面积传递的热量，单位为瓦/(米·开)[W/(m·K)]。

不同材料的导热系数相差很大，如图2-1所示。热量传递速度以电子碰撞最快，其次为声子碰撞，分子、原子碰撞最小。因此，金属导体的导热系数较大，而介电体较小，液体更小，气体最小。固体金属的导热系数一般在十几至几百瓦每米开，与导电性能一样，随温度的增加而缓慢减小；其他固体导热系数一般比金属小一两个数量级(石墨、金刚石除外)；液体导热系数一般小于1 W/(m·K)，绝大多数随温度升高而减小；大多数气体导热系数都小于0.1 W/(m·K)，一般随温度升高而增大。一般来说，同一物质的导热系数，固态大于液态，液态大于气态。气、液、固导热机理虽不同，但都是不同微观粒子相互作用或碰撞的结果，因此数学表达式相同，差别只是物理量的含义。

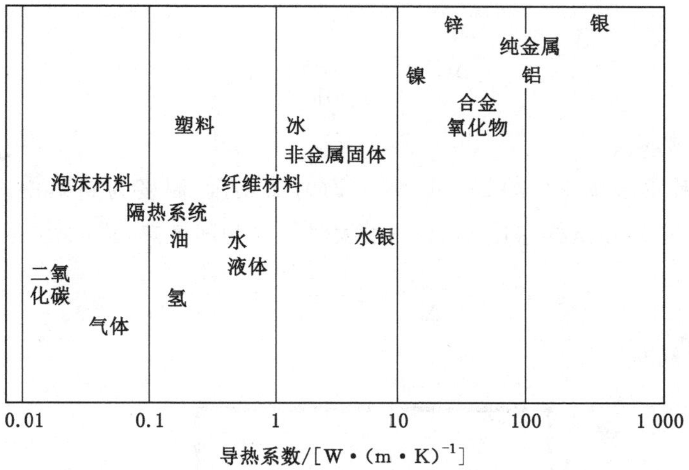

图2-1 常温常压下不同物质的导热系数

导热系数低于0.23 W/(m·K)的材料称为绝热材料，由于它们大都具有多孔性结构，传热过程是固体和孔隙的复杂传热过程，其机理复杂。为了工程计算的方便，常常把整个过程当作单纯的导热过程处理。

2. 热传导的物理机制

热传导过程就是材料的能量传输过程。在固体中能量的载体可以为自由电子、声子和光子，因此固体的导热包括电子导热、声子导热和光子导热。

纯金属中主要为电子导热，在合金、半金属或半导体、绝缘体中，声子导热所占比例逐渐增大。固体中分子、原子和电子的振动、转动等运动状态的改变会辐射出频率较高的电磁波，其中具有较强热效应的是波长在 0.4～40.0 μm 间的可见光与部分近红外光的区域，这部分辐射线称为热射线。热射线的传递过程称为热辐射。

3. 影响导热系数的因素

（1）温度：金属以电子导热为主，电子在运动过程中将受到热运动的原子和各种晶格缺陷的阻挡，从而形成对热量传输的阻力。一般来说，纯金属的导热系数一般随温度的升高而减小；而合金导热系数一般随温度的升高而增大。

（2）原子结构：物质的原子结构对热传导有较大影响。一般具有一个价电子的、德拜温度较高的单质都具有较高的导热系数。

（3）成分和晶体结构：合金中加入杂质元素将提高热阻，使导热系数降低。杂质原子与基体金属的结构差异较大的元素，对基体导热系数的影响也较大。

压强、密度、孔隙率等因素也会对材料的导热系数产生影响，但其影响材料导热系数的原理较为复杂。

4. 材料导热系数的测量

（1）稳态法测量材料导热系数。

根据傅里叶定律，以 $(\frac{d\theta}{dx})_{x_0}$ 表示物体 x_0 处的温度梯度，在时间 Δt 内通过截面 ΔS 所传递的热量 ΔQ 为：

$$\frac{\Delta Q}{\Delta t}=-\lambda\left(\frac{d\theta}{dx}\right)_{x_0}\Delta S \tag{2-1}$$

式中，λ 为导热系数。

稳态法实验装置示意图如图 2-2 所示，上面为加热盘（温度为 θ_1），中间为试样盘，下面为散热盘（温度为 θ_2），在试样厚度 h_1 不是很大时忽略侧面散热，式(2-1)可表示为：

$$\frac{\Delta Q}{\Delta t}=\lambda\frac{\theta_1-\theta_2}{h_1}S \tag{2-2}$$

式中，S 为试样盘截面积。

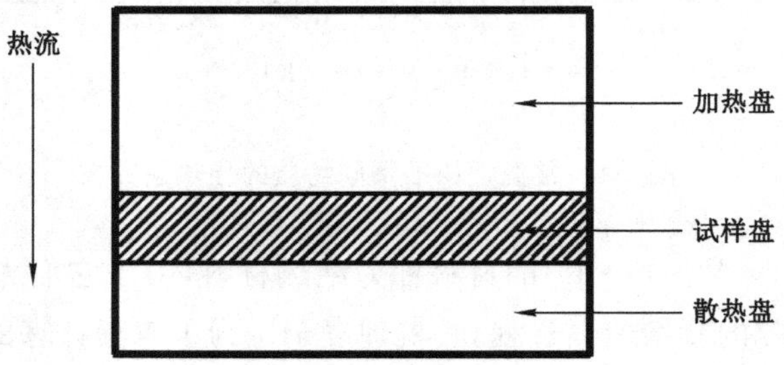

图 2-2　稳态法实验装置示意图

传热稳定时，试样的传热速率 $\frac{\Delta Q}{\Delta t}$ 和散热盘的散热速率 $\frac{\Delta q}{\Delta t}$ 相同。

$$\left.\frac{\Delta Q}{\Delta t}\right|_{\theta_1=\theta_{10}}=\left.\frac{\Delta q}{\Delta t}\right|_{\theta_2=\theta_{20}} \tag{2-3}$$

θ_{10}、θ_{20} 为试样上、下表面温度，因此式(2-3)可表示为：

$$\left.\frac{\Delta q}{\Delta t}\right|_{\theta_2=\theta_{20}}=\lambda\frac{\theta_{10}-\theta_{20}}{h_1}S \tag{2-4}$$

取下试样盘，让加热盘加热散热盘，使其温度高于 θ_{20}，再拿去加热盘，让散热盘冷却，求其在 $\theta_2=\theta_{20}$ 时的冷却速率 $\left.\frac{\Delta\theta}{\Delta t}\right|_{\theta_2=\theta_{20}}$，而散热速率与冷却速率的关系为：

$$\left.\frac{\Delta q}{\Delta t}\right|_{\theta_2=\theta_{20}}=mc\left.\frac{\Delta\theta}{\Delta t}\right|_{\theta_2=\theta_{20}} \tag{2-5}$$

式中 m——散热盘(黄铜)的质量；

c——散热盘的比热容[$c=3.77\times10^2$ J/(kg·K)]。

传热时表面和侧面散热，测冷却速率时上、下表面和侧面散热，而冷却速率与面积成正比，修正式(2-5)为：

$$\begin{aligned}\left.\frac{\Delta q}{\Delta t}\right|_{\theta_2=\theta_{20}}&=mc\left(\left.\frac{\Delta Q}{\Delta t}\right|_{\theta_2=\theta_{20}}\right)\left(\frac{\pi R_2^2+2\pi R_2h_2}{2\pi R_2^2+2\pi R_2h_2}\right)\\&=mc\left(\left.\frac{\Delta Q}{\Delta t}\right|_{\theta_2=\theta_{20}}\right)\left(\frac{R_2+2h_2}{2R_2+2h_2}\right)\end{aligned} \tag{2-6}$$

式中 R_2，h_2——散热盘的半径和厚度。

将式(2-6)代入式(2-4)并整理得到试样导热系数计算公式：

$$\lambda=mc\left(\left.\frac{\Delta Q}{\Delta t}\right|_{\theta_2=\theta_{20}}\right)\left(\frac{R_2+2h_2}{2R_2+2h_2}\right)\left(\frac{h_1}{\theta_{10}-\theta_{20}}\right)\left(\frac{1}{\pi R_1^2}\right) \tag{2-7}$$

式中，R_1 为试样盘半径。

(2) 瞬态平面热源法测量材料导热系数。

瞬态平面热源法测量材料热物理性质的原理是基于无限大介质中阶跃加热的圆盘形热源产生的瞬态温度响应。利用热阻性材料做成一个平面的探头，同时作为热源和温度传感器。

测量试样时，利用惠斯通电桥的原理来检测探头上电压的变化，然后把采集的数据传送给计算机软件分析处理，最后得到导热系数。

温度和电阻的关系呈线性关系，即通过了解电阻的变化可以知道热量的损失，从而反映试样的导热性能。

导热系数仪探头采用导电金属镍经刻蚀处理后形成连续双螺旋结构的薄片，外层为双层的聚酰亚胺(Kapton)保护层，厚度只有 0.025 mm，可令探头具有一定的机械强度并保持与试样之间的电绝缘性。在测试过程中，探头被放置于中间进行测试。电流通过金属镍时，产生一定的温度上升，产生的热量同时向探头两侧的试样进行扩散，热扩散的速度依赖于材料的热传导特性。通过记录温度与探头的响应时间，由数学模型可以直接得到材料的导热系数。

初始测试时，在 Kapton 涂层上会产生很小的温度下降，由于输出功率是恒定的，温度的下降将保持恒定。探头的电阻变化可用下式表示：

$$R(t)=R_0[1+\alpha\Delta T_i+\alpha\Delta T(T)] \tag{2-8}$$

式中 R_0——探头在瞬间记录前的电阻；

α——电阻温度系数(TCR)；

ΔT_i——保护层中的温差(由于保护层非常薄，在很短时间内可以把 ΔT_i 看作定值)；

$\Delta T(T)$——与试样处于理想完全接触时探头平均温升。

而 $\Delta T(T)$ 可以表示为：

$$\Delta T(T)=PD(T)/(\lambda r_0\pi^{\frac{3}{2}}) \tag{2-9}$$

式中 P——恒定输出功率；

r_0——探头半径；

λ——被测试样导热系数，即我们要求的值；

$D(T)$——无因次时间函数。

假设 $R^*=R_0(1+\alpha\Delta T_i)$，$K=\alpha R_0 P/(\lambda r_0\pi^{\frac{3}{2}})$，将式(2-9)代入式(2-8)得：

$$R(t)=R^*+KD(T) \tag{2-10}$$

将测得的电阻值 $R(t)$ 对 $D(T)$ 作图得到一条直线。通过反复变换特征时间拟合，使 $R(t)$ 对 $D(T)$ 的直线相关性达到最大，此时导热系数便可以由直线的斜率 K 计算得出。

三、实验仪器

DZDR-S 型快速导热仪(图 2-3)是利用瞬态平面热源技术(TPS)开发的导热系数测试仪，可用于各种不同类型材料的热传导性能的测试。瞬态平面热源法是研究热传导性能方法中较为精确、方便、快速的一种方法，是一种新技术，能够快速准确地测量材料的导热系数。该方法采用的双螺旋结构平面探头由合金薄片刻蚀而成。测量时，平面探头要放置在两个试样之间(图 2-4)，探头既是热源，又是传感器。

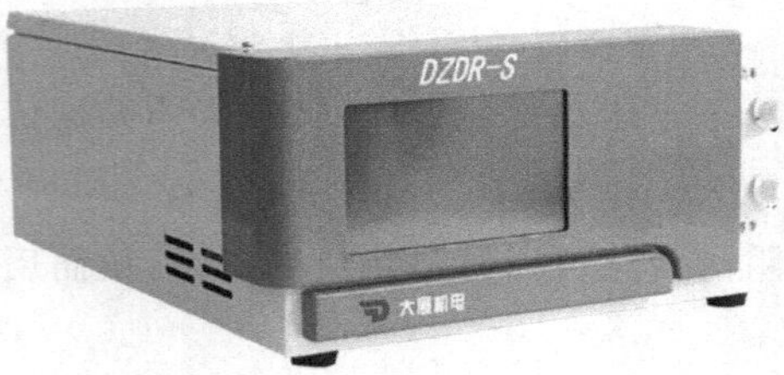

图 2-3 DZDR-S 型快速导热仪

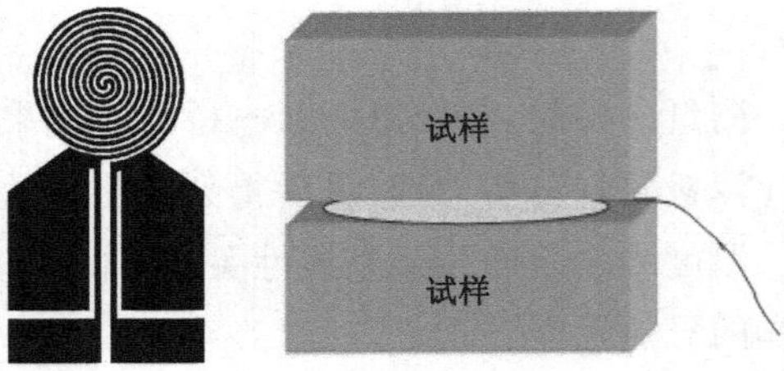

图 2-4 平面探头

四、软件操作

1. 软件使用

打开软件，进入主界面。主界面如图 2-5 所示。

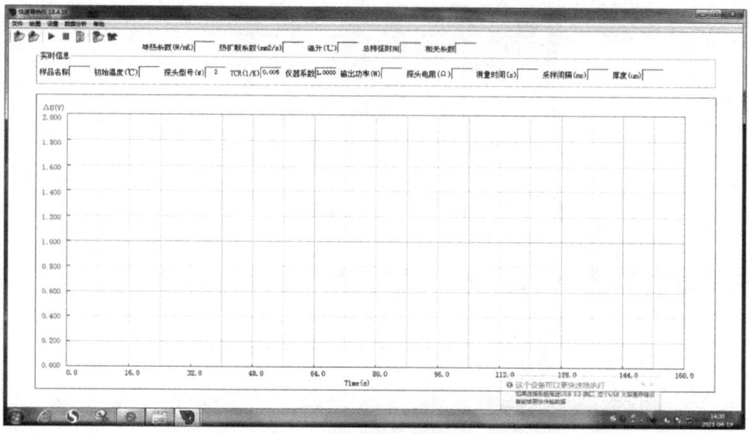

图 2-5　软件界面

打开设备，并插上数据线，选择菜单栏中的“设置”—“通信连接”，如图 2-6 所示。

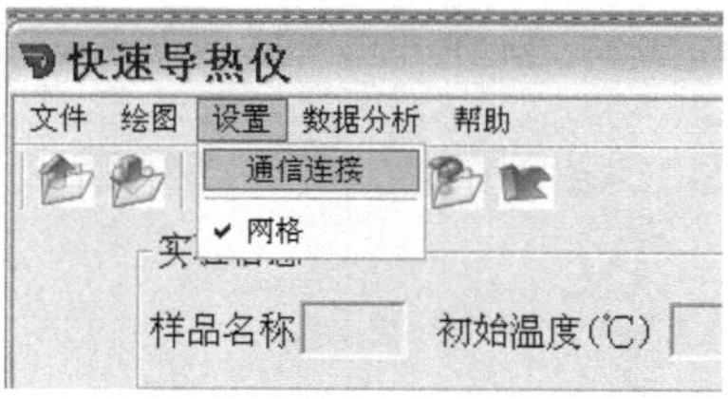

图 2-6　设置界面

连接成功，状态栏会显示“设备连接成功”，如图 2-7(a) 所示，此时设备已经连接到计算机，可用软件对设备进行控制和数据处理。如果设备未连接，则会弹出连接失败对话框，如图 2-7(b)所示。

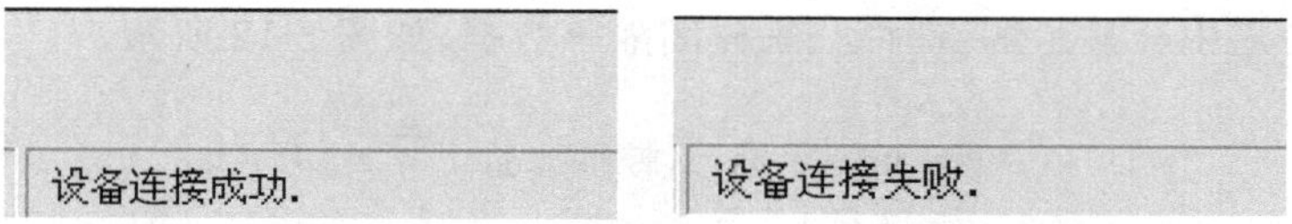

(a) 设备连接成功示意图　　(b) 设备连接失败示意图

图 2-7　设备连接

开始实验前，需填好以下信息，如图 2-8 所示。输出功率、探头电阻值见主机。

图 2-8　输入信息

选择菜单栏中的“绘图”—“开始绘图”，或者点击“▶”图标进行实验，如图 2-9 所示。

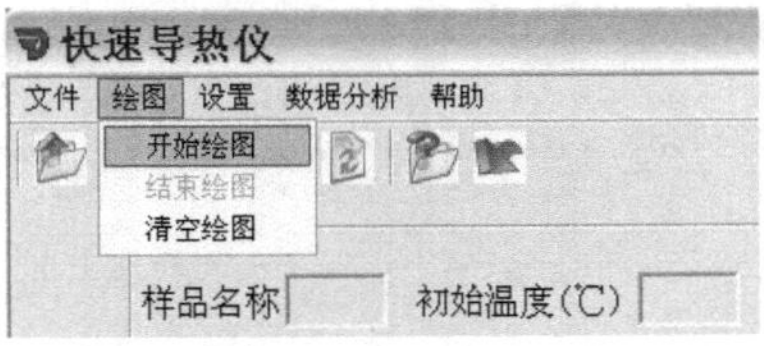

图 2-9 开始绘图

此时在设备上选择测量时间、功率，点击“开始”，如图 2-10 所示。

图 2-10 实验开始

测量完成时，设备向计算机发送数据，软件接收数据，如图 2-11 所示。

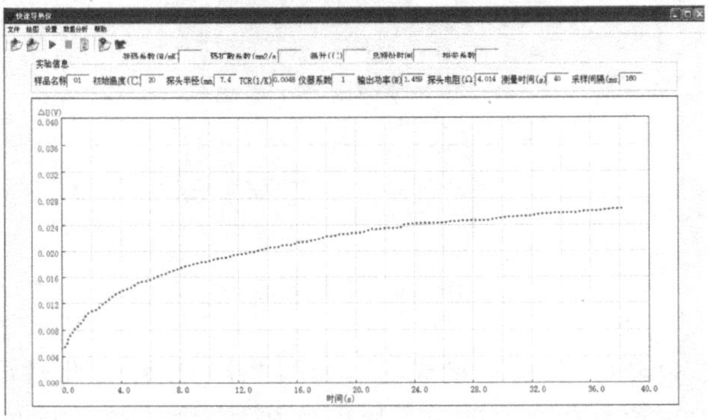

图 2-11 软件数据

此时实验信息中会显示测量时间、采样间隔等数据，如图 2-12 所示。

图 2-12 实验信息

实验数据显示在“记录数据”区，“平均数据”区显示实验数据的平均值。

选择菜单栏中的“绘图”—“结束绘图”，或者点击“■”图标停止实验，软件停止测试，状态栏会显示“实验结束”，如图 2-13 所示。

此时点击“数据分析”—“导热系数”，软件将自动计算材料的导热系数。显示在“实验信息”—“导热系数”一栏中。计算时间从几秒钟到几分钟不等，需耐心等待。分析数据时不要进行其他相关操作，可使分析过程快速完成。计算完成后，弹出提示窗口，点击“确定”按钮，如图 2-14 所示。

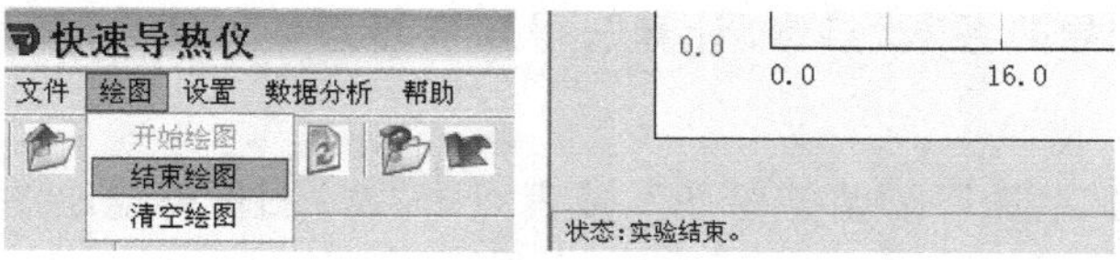

图 2-13　结束绘图

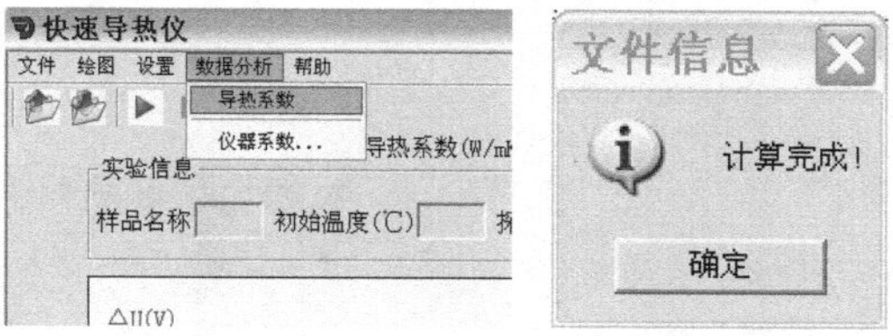

图 2-14　导热系数计算

实验信息中显示计算结果,如图 2-15 所示。

图 2-15　结果显示

点击“数据分析”—“仪器系数”,如图 2-16 所示。

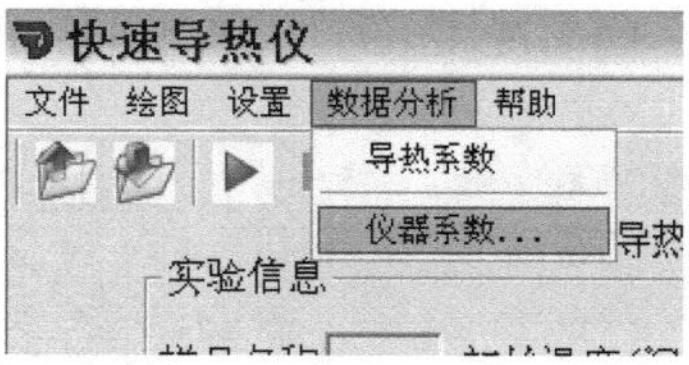

图 2-16　点击“仪器系数”

弹出“仪器系数”界面,如图 2-17 所示。

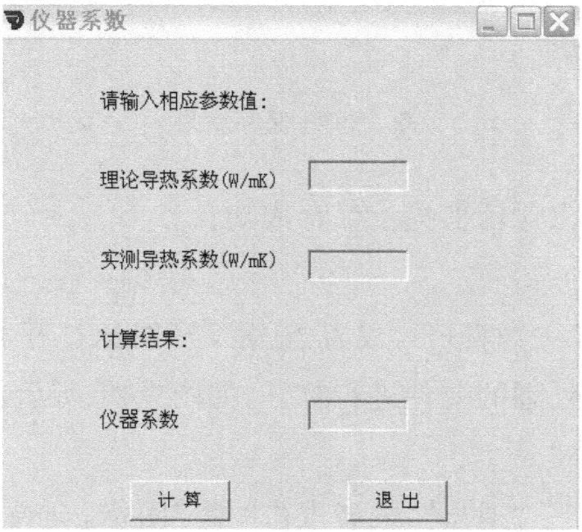

图 2-17　“仪器系数”界面

输入理论和实测导热系数，点击“计算”，得到仪器系数。结果同时出现在实验信息栏中，如图 2-18 所示。

选择菜单栏中的“绘图”—“清空绘图”，或者点击“ ”图标清空绘图，如图 2-19 所示。

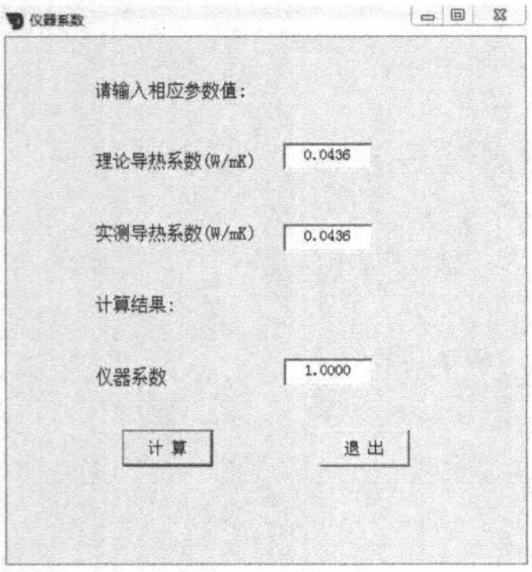

图 2-18 仪器系数结果

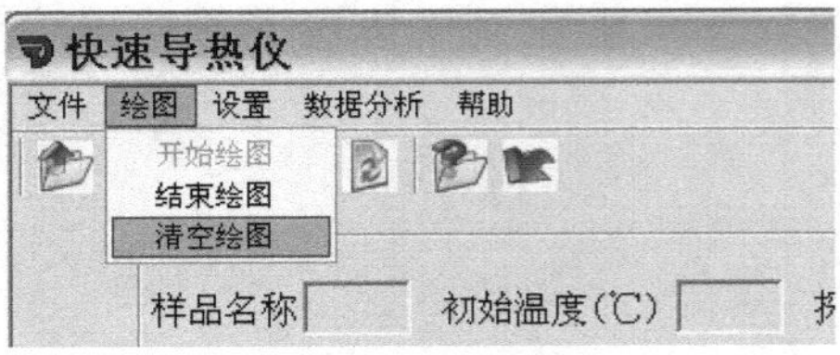

图 2-19 清空绘图

2. 数据保存

选择菜单栏中的“文件”—“保存”，或者点击“ ”图标“保存”绘图。选择“保存”后，会弹出保存界面，用户可以根据自己的需要输入保存的文件名，选择保存地址，数据会以“.txt”文本格式保存，同时保存一同名的 Excel 文件，如图 2-20 所示。

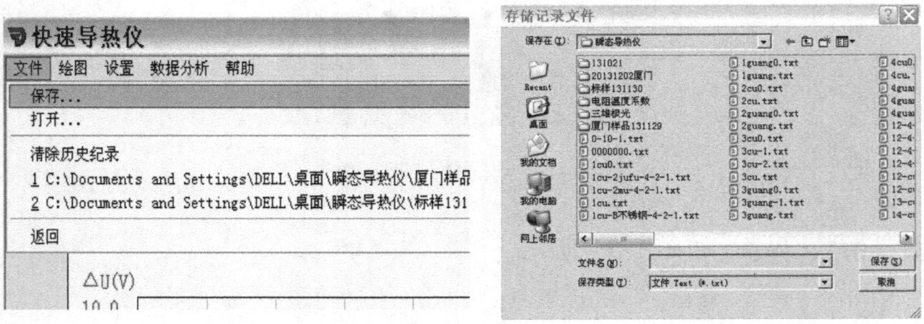

图 2-20 保存结果

数据保存成功后，会弹出对话框提示保存成功。

3. 打开数据文件

选择菜单栏中的“文件”—“打开”，或者点击“ ”图标打开文件。选择打开后，会弹出打开界面，用户可以选择要处理的文件进行打开，如图 2-21 所示。

4. 退出程序

选择菜单栏中的“文件”—“退出”，或者点击“ ”图标，会弹出“是否退出程序”的对话框，点“是”则退出程序。

实验参数设置条件和快速导热仪探头型号适用条件参考分别见表 2-1 和表 2-2。

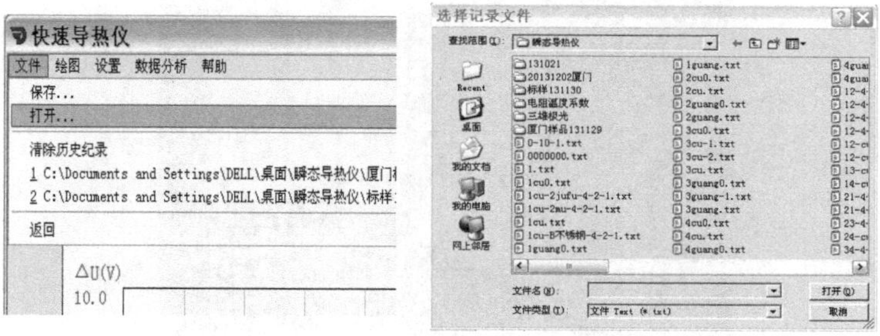

图 2-21 打开文件

表 2-1 实验参数设置条件

		金属合金	致密陶瓷	不锈钢	陶瓷	聚合物	绝缘材料
导热系数/[W·(m·K)$^{-1}$]		170	40	14	1.5	0.19	0.028
温升 ΔT/K		1.0	2	4	7	10	12
实验时间/s		5	10	10	40	160	160
测试功率/W		10	7	5	1.2	0.2	0.023
探头型号	1 号	×	×	×	×	√	√
	2 号	√	√	√	√	√	√

注:"√"代表可以测试;"×"代表不可以测试。

表 2-2 快速导热仪探头型号适用条件参考

时间/s	导热系数/[W·(m·K)$^{-1}$]①		探头型号	$0<d<r_1$	$r_1\leqslant d\leqslant r_2$	$r_2<d$②	温升 ΔT/K③
160	≤0.2*		1 号	√√	√	√	10~15
			2 号	×	×	√	
	>0.2*	0.2~0.4	2 号④	√√	√√	√	8~10
40		0.4~2					5~8
10		2~100					2~5
5		>100					1~2

注:① 该导热系数为经验值。

② d 是单片试样的厚度;r_1是 1 号探头半径(3.75 mm);r_2是 2 号探头半径(7.5 mm);"√"代表可以测试;"√√"代表试样叠加测试;"×"代表不可以测试;"*"代表经验值,该值由实验测试分析得到。

③ 具体温升根据实际测试状态选定,包括探头、仪器等因素。

④ 导热系数大于 0.2 时,探头型号只能选择 2 号。

五、实验步骤

1. 预热

首先观察拿到的试样,被测试样的表面要保持平整光滑,如图 2-22 所示。

预热过程:把探头放置在两个待测试样之间,利用弹簧架将探头压紧,且确保探头置于试样中心位置。

图 2-22　被测试样

将仪器的电源线和与计算机之间的连接线接好，如图 2-23 所示。

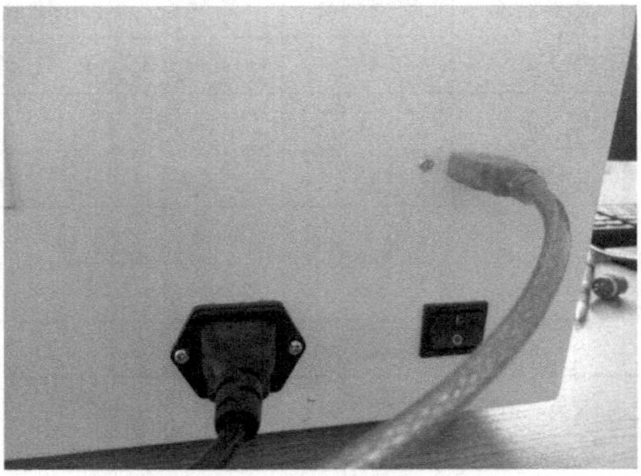

图 2-23　仪器与计算机连接

把“功率”旋钮逆时针旋到底，然后打开主机电源通电 30 min，在软件中设置与仪器的通信连接，并连接成功，如图 2-24 所示。

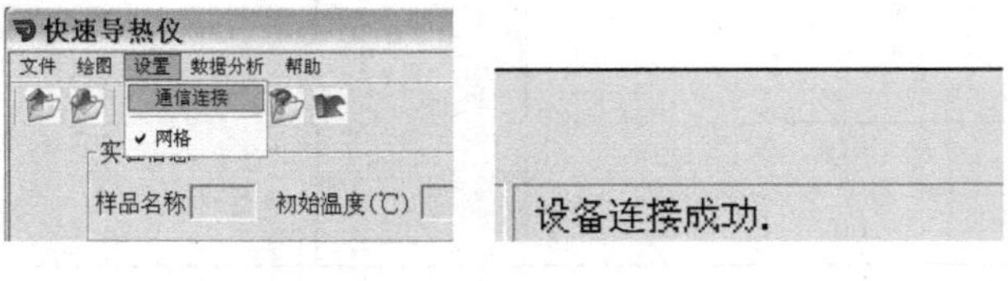

图 2-24　设备通信连接

2. 预测试

预测试过程：预热过程结束以后，可先对试样进行预测试，从而确定试样导热系数的大致范围。首先用 2 号探头对被测试样进行预测试。测试时间设置为 160 s，然后单击“OK”，如图 2-25 所示，时间设置完成；设置计算探头电阻，然后把功率调到最小，再调节曲线基准(测试时间为 160 s 时，调至 0.02～0.03 之间；测试时间为 40 s 时，调至 0.03～0.05 之间；测试时间为 10 s 时，调至 0.05～0.07 之间；测试时间为 5 s 时，调至 0.07～0.10 之间)。

待仪器参数设置完成后，不断点击探头阻值后的“计算”按钮直至探头阻值不发生变化并保持稳定为止。

在计算机软件中输入仪器设置的数据。根据预测的实验数据确定所用探头型号，如果

图 2-25　设定测量时间

试样大致的导热系数不大于 0.2 W/(m·K)就用 1 号探头进行测试，如果试样的导热系数大于 0.2 W/(m·K)可以使用 2 号探头进行测试。用 1 号探头测试试样其测试软件中的 TCR 数值设置为 0.009 K^{-1}，用 2 号探头测试试样其测试软件中的 TCR 数值设置为 0.005 K^{-1}，如图 2-26 所示。为保证探头的安全性，1 号探头的功率不能超过 0.4 W，2 号探头的功率不能超过 14 W。

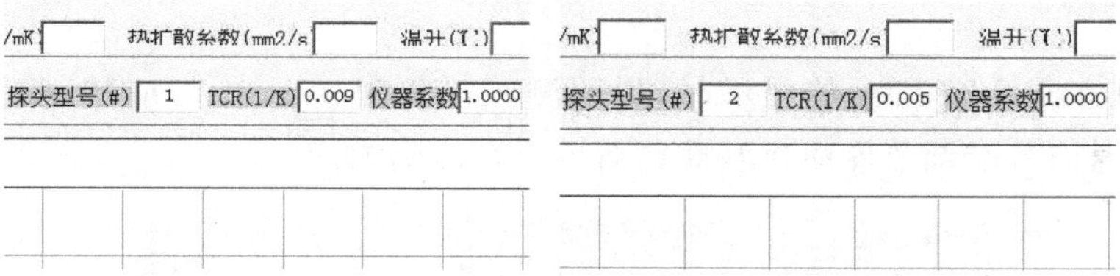

图 2-26　不同探头参数设置

然后开始测试，等到仪器的蜂鸣器响起，此时仪器上传数据结束；测试结束静置 10 min 以后，即可进行正常的实验测试。

3. 测试

预测试结束后，多次重复上述测试步骤，得出有关结果。

4. 结果

根据要求操作计算机软件，分析得到待测材料的导热系数。

六、实验注意事项

(1) 多次实验时，前后时间间隔不少于 5 min。

(2) 实验开始前“功率”旋钮一定要逆时针旋到底，遵循功率由低到高进行调节的要求。

(3) 由于计算机软件自身算法的需要，建议软件连续运行不超过 3 h，如超过 3 h 需关闭软件然后重新打开运行。

(4) 探头使用注意事项：

① 探头不能在没有接触试样的情况下测试，以免造成探头永久性损坏。

② 测试时功率不能无限加大，否则会有烧毁探头的风险。

③ 仪器在使用前和结束后都应当将功率调节到最小，防止仪器开启时功率过大损伤

探头。

（5）界面报警处理：

为防止在使用快速导热仪的过程中出现误操作，在快速导热仪中增加了相关的报警提示功能，从而提高快速导热仪和探头的使用效率。现对以下出现的报警提示进行说明。

① 当出现如图 2-27 所示的提示时，说明测试时长为 160 s 所对应的基准不在 0.02～0.03 之间，需返回基准调节界面将基准重新调节在范围内。

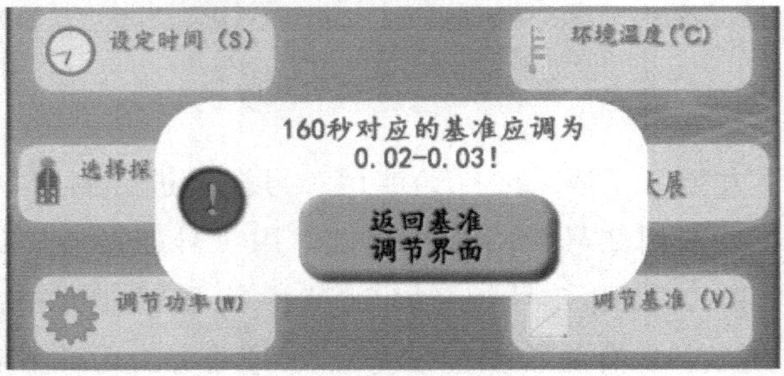

图 2-27　报警界面 1

② 当出现如图 2-28 所示的提示时，说明测试时长为 40 s 所对应的基准不在 0.03～0.05 之间，需返回基准调节界面将基准重新调节在范围内。

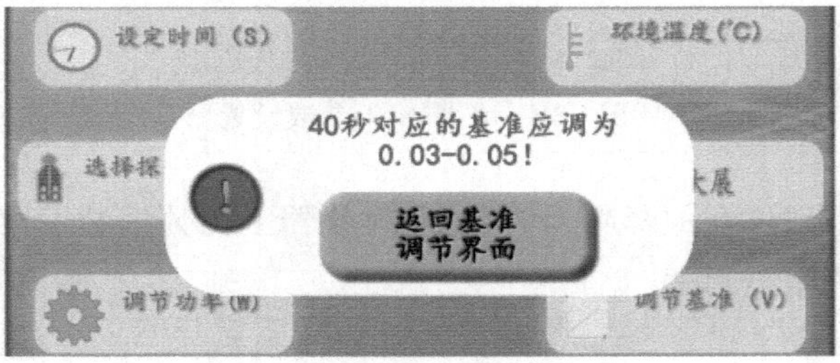

图 2-28　报警界面 2

③ 当出现如图 2-29 所示的提示时，说明测试时长为 10 s 所对应的基准不在 0.05～0.07 之间，需返回基准调节界面将基准重新调节在范围内。

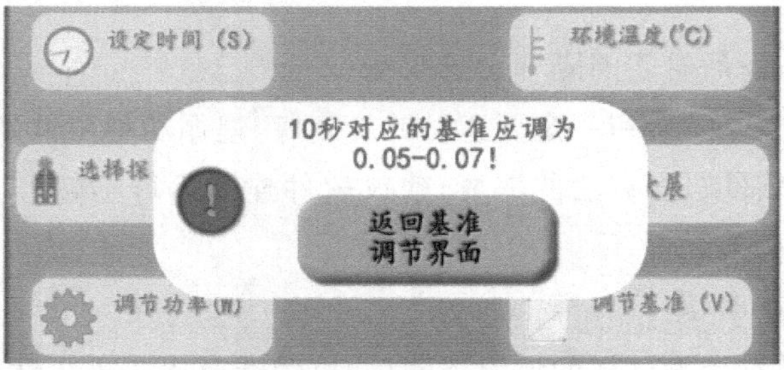

图 2-29　报警界面 3

④ 当出现如图 2-30 所示的提示时，说明测试时长为 5 s 所对应的基准不在 0.07～0.10 之间，需返回基准调节界面将基准重新调节在范围内。

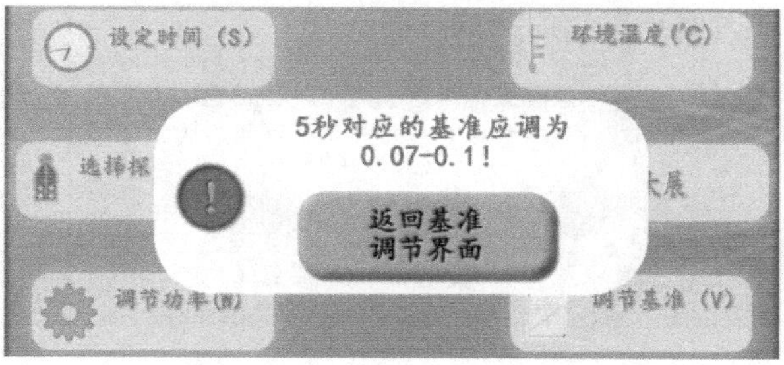

图 2-30 报警界面 4

⑤ 当出现如图 2-31 所示的提示时，说明探头没有与仪器正确连接。操作人员需及时将探头插入仪器指定位置，与仪器进行连接。

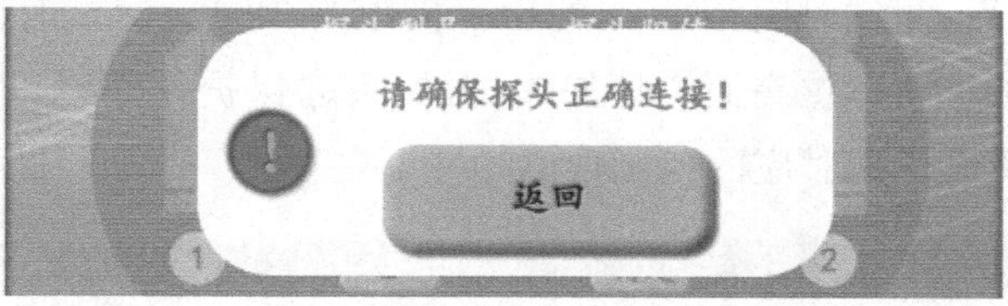

图 2-31 报警界面 5

⑥ 当出现如图 2-32 所示的提示时，说明仪器实际连接的探头与软件中选择的型号不对应，所以应在软件中选择与实际探头对应的型号。

图 2-32 报警界面 6

⑦ 当出现如图 2-33 所示的提示时，说明测量时间、探头型号、功率、基准等所需输入的信息中至少有一栏没有进行设置或设置有误，此时不管是点击原始界面的“开始”，还是点击二次界面的按钮都会出现此提示，因此需设置完整且正确的信息才能进行下去。

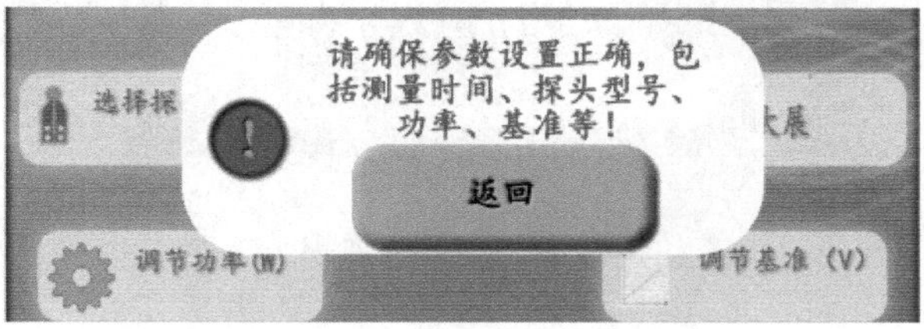

图 2-33 报警界面 7

⑧ 当出现如图 2-34 所示的提示时，说明 1 号探头设定的测试时间不吻合。1 号探头是对 2 号探头的补充，1 号探头所测试样为低导薄样，所以 1 号探头测试时间只能为 160 s，因此出现此界面时应当及时修正探头的测试时间。

图 2-34　报警界面 8

⑨ 当出现如图 2-35 所示的提示时，说明功率设置超过限值。1 号探头测试时间为 160 s 的功率极限为 0.4 W。2 号探头测试时间为 160 s 的功率极限为 0.5 W，测试时间为 40 s 的功率极限为 2 W，测试时间为 10 s 的功率极限为 10 W，测试时间为 5 s 的功率极限为 14 W。此提示是防止功率过高而烧坏探头，对探头起保护作用，所以当遇到此种情况时应当调低功率，使功率保持在对应的范围内。

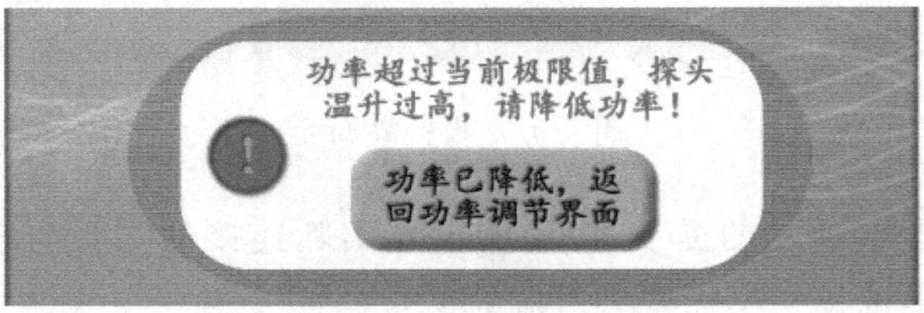

图 2-35　报警界面 9

⑩ 图 2-36 的提示是在完成相同测试时间的测试时，转而进行其他测试时间的测试时所出现的。要解决这一提示可将功率旋钮调节至最小后再重新设置测试时间。比如，第一次和第二次的测试时间都为 160 s，而第三次的测试时间要更换为 40 s，此时如果直接设置测试时间则会出现以上提示，若要避免出现以上提示需先将调节功率的旋钮调节至最小，然后再进行测试时间的设定，即可避免此提示的出现。

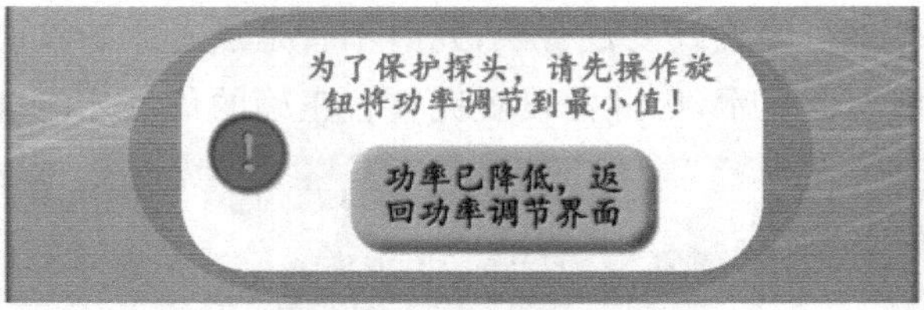

图 2-36　报警界面 10

⑪ 当出现如图 2-37 所示的提示时，说明功率过大导致温升过高，因此需返回功率设置界面，降低功率即可。

图 2-37　报警界面 11

七、分析讨论

(1) 简述金属、非金属建筑材料和气体导热性能差异大的原因。

(2) 简述材料导热系数与温度的关系。

八、实验报告

实验报告由实验指导教师根据实验项目提出具体要求，主要应包括：

(1) 实验目的。

(2) 实验仪器。

(3) 实验步骤(或方法)。

(4) 数据结果及分析。

(5) 分析讨论。

实验3

材料比热容测定实验

材料比热容的测量是物理学的基本测量内容之一，属于量热学的范围。量热学的基本概念和方法在许多领域中有广泛应用，特别是在新能源的开发和新材料的研制过程中，量热学的方法都是必不可少的。由于散热因素多而且不易控制和测量，量热实验的精度往往较低。为了做量热实验，常常需要分析产生各种误差的因素，考虑减小误差的方法，提高实验的精准性。

比热容在生活中有许多应用，比如水的比热容较大，这一性质在生活中有如下应用。

(1) 利用水调节气候。

① 水对气温的影响。沿海地区多水，而水的比热容大，在吸收或放出同样热量的情况下，沿海地区水温变化小，白天海水温度升高的小，同样晚上海水温度降低的也小，故而沿海地区昼夜的气温差别并不明显，相反内陆地区昼夜的气温变化较沿海地区的更大。

② 热岛效应的缓解。晴朗无风的夏日，海岛上的地面气温高于周围海上气温，并因此形成海风环流以及海岛上空的积云对流，这是海洋热岛效应的表现。近年来，由于城市人口集中、工业发达、交通拥堵、大气污染严重，且城市中的建筑大多为混凝土建筑，在温度的空间分布上，城市犹如一个温暖的岛屿，从而形成城市热岛效应。在缓解热岛效应方面，专家测算，一个中型城市环城绿化带树苗长成浓荫后，绿化带常年涵养的水源相当于一座容积为 $1.14\times10^7\ m^3$ 的中型水库，由于水的比热容大，能使城区夏季温度下降 1 ℃以上，可有效缓解日益严重的热岛效应。

(2) 利用水冷却或取暖。

① 水冷系统的应用。人们很早就开始用水来冷却发热的机器。在计算机中央处理器(CPU)散热时可以利用散热片与 CPU 核心接触，使 CPU 产生的热量通过热传导的方式传输到散热片上，然后利用风扇将散发到空气中的热量带走。但水的比热容远远大于空气，因此可以用水代替空气作为散热介质，通过水泵将温度升高的水带走，组成水冷系统。CPU 产生的热量传输到水中后水的温度不会明显上升，散热性能优于直接利用空气和风扇的散热系统。

热机(例如汽车的发动机、发电厂的发电机等)的冷却系统也用水作为冷却液，同样是利用了水的比热容大这一特性。

② 农业生产上的应用。水稻是喜温作物，在每年三四月份育苗时，为了防止霜冻，农民普遍采用“浅水勤灌”的方法，即傍晚在秧田里灌一些水过夜，第二天太阳升起的时候，再把秧田中的水放掉。利用水的比热容大这一特性，在夜晚降温时，使秧苗的温度变化不大，对秧苗起到了保温作用。

③ 热水取暖。冬季供热用的散热器、暖水袋均是用水作为介质。

一、实验目的

(1) 了解比热容的知识。

(2) 掌握固体比热容的测定方法。

(3) 掌握实验中存在误差的原因及解决的办法。

二、实验原理

温度不同的物体混合之后，热量将由高温物体传给低温物体。如果在混合过程中与外界没有热交换，最后将达到稳定的平衡温度，在这个过程中，高温物体放出的热量等于低温物体所吸收的热量，此称为热平衡原理。本实验即根据热平衡原理用混合法测定固体的比热容。

最初在18世纪，英国物理学家、化学家约瑟夫·布莱克发现质量相同的不同物质，上升到相同温度所需的热量不同，从而提出了比热容的概念。几乎任何物质皆可测量比热容，如化学元素、化合物、合金、溶液，以及复合材料等。

比热容即令1 kg的物质温度上升1 K所需的热量，国际单位为J/(kg·K)，其他常用单位有kJ/(kg·K)、kcal/(kg·℃)(1 cal＝4.186 8 J)等。根据此定理，便可得出以下公式：

$$c = \frac{\Delta Q}{m\Delta T} \tag{3-1}$$

式中　c——物质的比热容；

ΔQ——物质吸收(放出)的热量；

m——物体的质量；

ΔT——吸热(放热)后温度上升(下降)值。

物质的比热容与所处的状态有关。在工程应用上常用的有比定压热容 c_p、比定容热容 c_V 和饱和状态热容三种。比定压热容 c_p 是单位质量的物质在压力不变的条件下，温度升高或下降1 ℃或1 K所吸收或放出的热量。比定容热容 c_V 是单位质量的物质在容积(体积)不变的条件下，温度升高或下降1 ℃或1 K吸收或放出的热量。饱和状态比热容是单位质量的物质在某饱和状态时，温度升高或下降1 ℃或1 K所吸收或放出的热量。

1. 基本计算

设有一质量为 m 的物体，在某一过程中吸收(或放出)热量 ΔQ 时，温度升高(或降低) ΔT，则 $\frac{\Delta Q}{\Delta T}$ 称为物体在此过程中的热容，用 C 表示，即 $C = \frac{\Delta Q}{\Delta T}$。

用热容除以质量，即得比热容 $c=\dfrac{C}{m}=\dfrac{\Delta Q}{m\Delta T}$。对于微小过程的热容和比热容，分别有 $C=\dfrac{dQ}{dT}$，$c=\dfrac{1}{m}\dfrac{dQ}{dT}$。

因此，在物体温度由 T_1 变化到 T_2 的有限过程中，吸收(或放出)的热量为：

$$Q=\int_{T_1}^{T_2} C dT = m\int_{T_1}^{T_2} c dT \tag{3-2}$$

一般情况下，热容与比热容均为温度的函数，但在温度变化范围不太大时，可近似地看为常量。于是有 $Q=C(T_2-T_1)=mc(T_2-T_1)$。如令温度改变量 $\Delta T=T_2-T_1$，则有 $Q=cm\Delta T$。

2. 杜隆-珀蒂(Dulong-Petit)规律

常见金属的比热容如表 3-1 所示。金属的比热容有一个简单的规律，即在一定温度范围内，所有金属都有一固定的摩尔热容：$C_m \approx 25$ J/(mol · K)，所以比热容 $c=25/M$，其中 M 为金属的摩尔质量。(当温度远低于 200 K 时此关系不再成立)

表 3-1 常见金属的比热容

名称	铝	铬	铜	金	铁	铅	钼	镍	铂	银	锡	钨	锌	镁
元素符号	Al	Cr	Cu	Au	Fe	Pb	Mo	Ni	Pt	Ag	Sn	W	Zn	Mg
300 K(27 ℃)比热容/(kJ · kg^{-1} · K^{-1})	0.905	0.466	0.386	0.129	0.442	0.130	0.248	0.447	0.133	0.237	0.228	0.133	0.389	1.020

3. 补充说明

(1) 不同的物质有不同的比热容，比热容是物质的一种属性，因此，可以用比热容的不同来(粗略地)鉴别不同的物质(注意有部分物质的比热容相当接近)。

(2) 同一物质的比热容一般不随质量、形状的变化而变化。如一杯水与一桶水，它们的比热容相同。

(3) 对于同一物质，比热容与所处状态有关，同一物质在同一状态下的比热容是一定的(忽略温度对比热容的影响)，但在不同的状态时，比热容是不相同的。例如水与冰的比热容不同。

(4) 在温度改变时，比热容也有很小的变化，但一般情况下可以忽略。表 3-1 中所给的比热容数值是这些物质在常温下的数值。

(5) 气体的比热容和气体的热膨胀有密切关系，在体积恒定和压强恒定时比热容不同，故有比定容热容和比定压热容两个概念。但对固体和液体，二者差别很小，一般就不再加以区分。

三、实验仪器

实验所需仪器有量热器、天平、铝/铜块、电炉、停表、搅拌器、冰块、温度计(0～50.00 ℃和 0～100.0 ℃各一支)等。

量热器的内筒置于绝热架上，外筒用绝热盖盖上，内外筒之间有绝热材料，热传导极少，热辐射和吸收热辐射也极少。实验仪器如图 3-1 和图 3-2 所示。

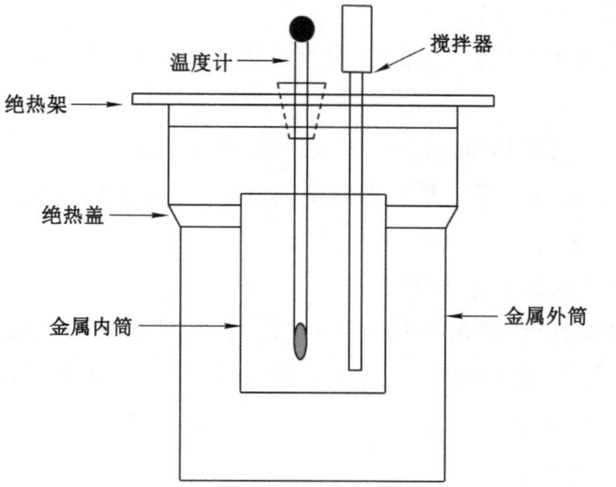

图 3-1 量热器示意图

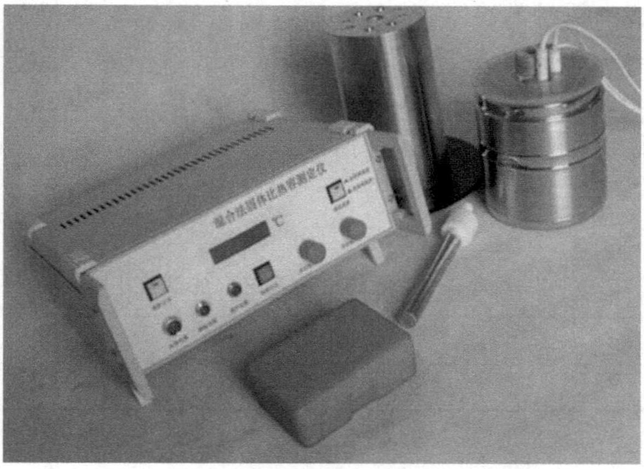

图 3-2 混合法固体比热容测定仪器

设平衡温度为 T，被测物体的比热容推导过程如下：

被测物体放出的热量：$Q = c_x m(T_1 - T)$；水吸收的热量：$Q_1 = c_1 m_1(T - T_2)$；量热器吸收的热量：$Q_2 = c_2 m_2(T - T_2)$；搅拌器吸收的热量：$Q_3 = c_3 m_3(T - T_2)$。

其中，c_x、m 分别为被测物体的比热容和质量；c_1、m_1 分别为水的比热容和质量；c_2、m_2 分别为量热器内筒的比热容和质量；c_3、m_3 分别为搅拌器的比热容和质量；T_1、T_2 分别为被测物体的初始温度和量热器中水的初始温度。

忽略温度计吸收的热量，根据热交换定律 $Q = Q_1 + Q_2 + Q_3$，得到：

$$c_x = \frac{(c_1 m_1 + c_2 m_2 + c_3 m_3)(T - T_2)}{m(T_1 - T)} \tag{3-3}$$

四、实验内容与方法

1. 不进行散热修正测比热容

(1) 先将烧杯盛水置于电炉上加热，用天平称出铝块的质量 m，用线拴住铝块，投入烧杯中加热。

(2) 用天平称出干的量热器内筒质量 m_2 和搅拌器质量 m_3。

(3) 用量杯盛水 250 mL 倒入量热器内筒，再用天平称出总质量 m'(包括搅拌器)，水的质量 $m_1 = m' - m_2 - m_3$。

(4) 测量量热器中水的初始温度 T_2。

(5) 待烧杯中水沸腾后，将加热到 100 ℃(T_1)的铝块迅速投入量热器中，并不断搅拌，此时量热器内筒中的水温度不断升高，待水温稳定后，记下平衡温度，即为 T。

(6) 根据公式(3-3)求出 c_x。

2. 进行散热修正测比热容

(1) 步骤同前(1)。

(2) 步骤同前(2)。

(3) 量热器内筒装入适量的冷水，然后再加入适量的冰块，总量为 250 mL 左右。再用天平称出总质量 m''，冰水混合的质量为：$m_1 = m'' - m_2 - m_3$。待冰块完全融化后，将温度计插入量热器内筒观察温度变化，此时温度应在室温以下。

(4) 仔细观察温度变化，并每隔一分钟记一次温度值，此时量热系统温度趋于稳定且缓慢上升(表 3-2)。

表 3-2　混合前量热系统内的温度

时间/min	1	2	3	4	5	6
温度/℃						

(5) 待水温升高到比室温低 4 ℃左右时，迅速将加热到 100 ℃(T_1)的铝块投入量热器中，同时搅拌，观察量热器内筒中的水温度变化，当温度值不再上升，开始记录数据(表 3-3)，每隔一分钟记一次温度值，共计 6～8 min(此时量热系统温度趋于稳定且缓慢下降)。

表 3-3　混合后量热系统内的温度

时间/min	1	2	3	4	5	6	7	8
温度/℃								

(6) 数据作图(图 3-3)，由表 3-2 数据作出线段 AB，表 3-3 数据作出线段 CD，外推出 T_E与 T_F，分别为修正后水的初始温度 T_2和平衡温度 T。

(7) 根据公式(3-3)求出 c_x，并与理论值比较，求出相对误差(表 3-4)。

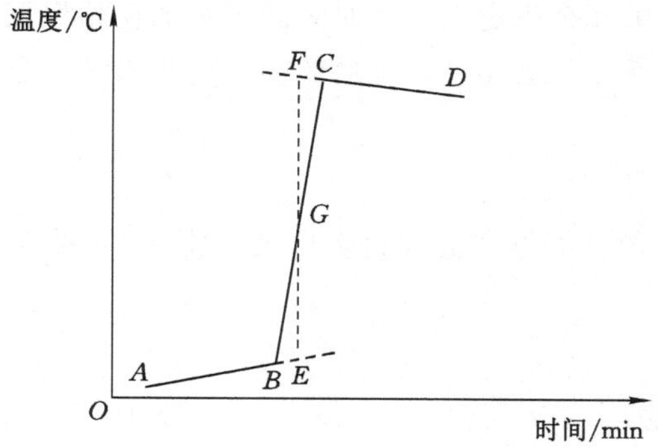

图 3-3　外推法作图

表 3-4　实验数据与理论值比较

实验方案	比热容/(kJ·kg^{-1}·K^{-1})	与理论值相比所得相对误差
不进行散热修正测固体金属比热容		
进行散热修正后测固体金属比热容		

3．散热修正原理及作图步骤

高温物体投入水中达到平衡温度需要一段时间，量热器有部分热量传给外界而耗散掉，因此实测平衡温度不是理论计算中的平衡温度。为减小误差，可以进行修正，这种修正称散热修正。

在时间-温度坐标中，数据曲线如图 3-3 所示，AB 段为外界供热冰水温度上升阶段，CD 段为高温物体投入稳定后向外散热温度下降部分。T_B、T_C为水的实测初始温度与平衡温度。

修正温度是将 AB 和 CD 向外延长得到，此方法称为外推法。作图步骤：在实测曲线 BC 间找一点 G，过 G 作一垂直于时间轴的直线，它与 AB 和 CD 的延长线交于 E 和 F 点，G 的位置应使 FGC 和 EGB 所围的面积相等。T_E、T_F 分别为修正后水的初始温度和平衡温度。

五、实验注意事项

(1) 把铝块取出投入量热器中时，动作要快，尽量不带水进去。

(2) 实验前先认清温度计的刻度分布，读数准确、迅速，勿折断温度计。

(3) 温度计插入量热器水中尽可能深一些，但不碰被测物。

六、实验结果

(1) 计算铝的比热容。

(2) 分析产生误差的原因。

七、分析讨论

(1) 冰的选择为什么要适当？过多、过少有何影响？

(2) 实验过程中为什么要搅拌？

（3）系统的平衡温度由什么决定？什么时候测定水的初始温度为宜？

（4）混合量热法必须保证什么条件？本实验的热力学系统由哪些部分组成？

八、实验报告

实验报告由实验指导教师根据实验项目提出具体要求，主要应包括：

（1）实验目的。

（2）实验仪器。

（3）实验步骤（或方法）。

（4）数据结果及分析。

（5）分析讨论。

实验 4

建筑材料烟密度测定实验

高层建筑发生火灾时，烟雾是阻碍人们逃生、灭火以及导致人员死亡的主要原因之一。现代化的高层民用建筑，可燃装饰、陈设较多，还有相当多的高层建筑使用了大量的塑料装修材料、化纤地毯和泡沫塑料填充的家具，这些高分子装修材料在剧烈的燃烧过程中会释放出多种大量的有毒气体，这些有毒气体是造成火灾中人员伤亡的主要原因。此外，火灾烟雾会影响火场能见度，从而影响人们的应急疏散过程。

一、实验目的

本实验对实验材料进行燃烧，实验过程中得到光吸收数据随时间变化的曲线，得出最大烟密度值和烟密度等级这两个指标，从而用来划分防火材料的等级。

(1) 通过对室内常见材料燃烧产生的烟密度进行测试，了解 JCY-2 型建筑材料烟密度测试仪的使用方法。

(2) 学习并应用相应的国家标准《建筑材料燃烧或分解的烟密度试验方法》(GB/T 8627—2007)。

(3) 通过分析实验数据，掌握建筑物发生火灾时的能见度估算方法。

二、实验原理

《建筑材料燃烧或分解的烟密度试验方法》(GB/T 8627—2007)的目的是确定在燃烧和分解条件下建筑材料可能释放烟的程度。其原理是通过测量材料燃烧产生的烟气中固体尘埃对光的反射而造成光通量的损失来评价烟密度大小。烟箱光路示意图如图 4-1 所示。

由光源射入测量空间的光束强度的衰减服从 Lambert(兰伯特)定律。

$$I = I_0 e^{-K_c L} \tag{4-1}$$

式中　I——穿过烟气层离开测量空间段时射出的光束强度，W/m^2；

I_0——入射光强度，W/m^2；

K_c——烟气的比消光系数，m^{-1}；

L——光束经过的测量空间段的长度，m。

采用消光法测定烟密度，即测定由光源射入测量空间的光束强度的衰减来确定烟密度

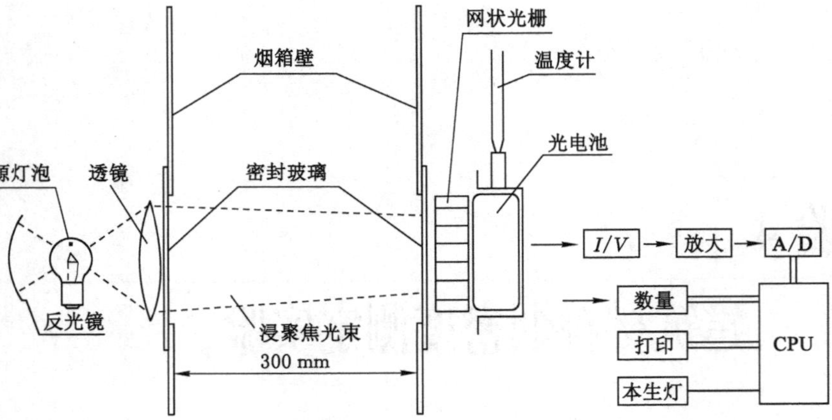

图 4-1　烟箱光路示意图

值，烟气的光吸收率为$\frac{I_0-I}{I}\times 100\%$，即为烟密度值。

三、实验仪器

本实验采用的 JCY-2 型建筑材料烟密度测试仪，根据国家标准《建筑材料燃烧或分解的烟密度试验方法》(GB/T 8627—2007)所规定的技术条件而研制，见图 4-2。仪器机箱包括控制面板、实验箱、箱门、主燃烧器、辅燃烧器、风扇、光电池、底座等。

图 4-2　JCY-2 型建筑材料烟密度测试仪

四、实验准备

1. 试样准备

(1) 标准试样的尺寸为(25.4±0.3)mm×(25.4±0.3)mm×(6.2±0.3)mm，也可以采用其他厚度，但它们的厚度应与烟密度值一起在报告中说明。实验可以采用厚度小于6.2 mm 的材料进行实验，也可按照其通常实际使用厚度或者直接叠加到厚度大约6.2 mm 来进行实验。同样，实验可以采用厚度大于 6.2 mm 的材料进行实验，也可按照其通常实际使用厚度或将材料加工到厚度 6.2 mm 来进行实验。试样最大厚度为 25 mm，当材料厚度大于 25 mm 时，需根据实际使用情况确定受火面，并在加工时保留受火面。

(2) 每组试样为 3 块，试样的加工可采用机械切磨的方式，要求试样表面平整，无飞边、毛刺。

2. 仪器准备

(1) 调整试样架，安装试样到试样架上，如图 4-3 所示。

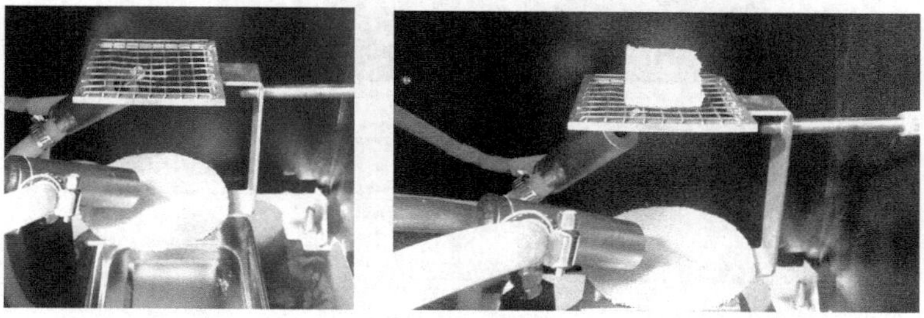

图 4-3　安装试样

(2) 连接丙烷罐到设备后面的进气接头，旋紧卡箍，防止漏气，如图 4-4 所示。

(3) 打开电源后，打开丙烷罐，调整出口压力至 0.2～0.3 MPa。

(4) 实验前，调整面板上的压力调节旋钮及流量调节旋钮。点火成功后，调节流量调节旋钮调整火焰高度，如图 4-5 所示。

图 4-4　连接丙烷罐

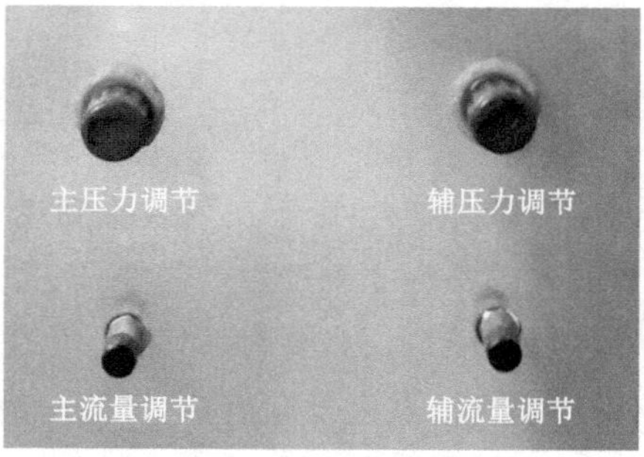

图 4-5　压力调节与流量调节旋钮

五、实验内容

1. 进入实验

点击“建筑材料烟密度测试仪”(打开实验程序前，先打开实验设备，连接好数据线)，弹出“建筑材料烟密度测试仪”主界面(“通信”框亮时跳过串口设置)，选择通信串口“COM3”。如图 4-6 所示。

2. 预点火

点击“实验开始”按钮，开始点火，同时“点火”“供气”“光源”指示灯变亮，点火成功后，点击“结束实验”按钮，关闭火焰，然后放入试样，再次点击“实验开始”按钮，开始实验(如需辅助燃烧，可选择“辅助点火器”按钮，点击“实验开始”按钮时，主点火器和辅助点火器将同时打开)。

其中需要注意的有：

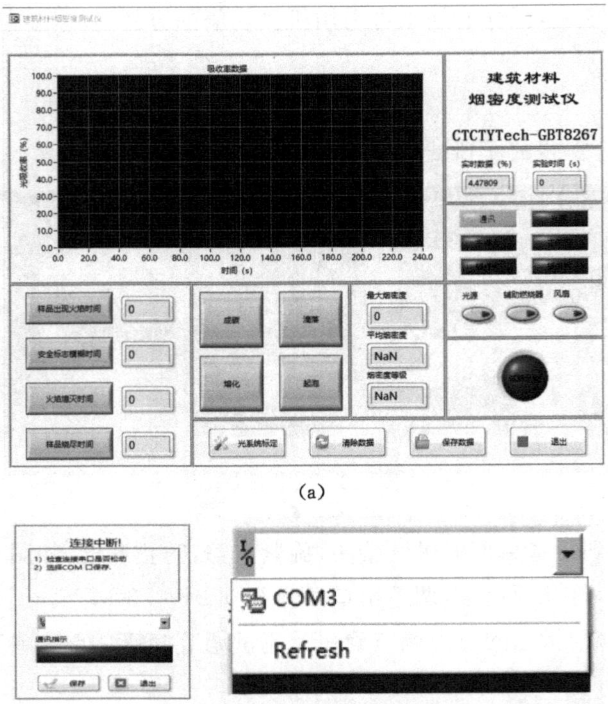

(a)

(b) (c)

图 4-6 建筑材料烟密度测试仪

(1) 第一次点火：由于从丙烷罐到燃烧设备的管路内预存的是空气，而非丙烷，故第一次点火时火焰不会立刻产生。需要开、关点火按钮几次(根据管子的长短不同而异)才能把丙烷导入燃烧喷灯。必要时，可用配备的手持点火器配合流量调节阀进行第一次点火。

(2) 实验时，点火没有成功，可第一时间按下急停按钮，停止供气，然后再点击“结束实验”按钮，关闭程序后，再复位急停按钮。

3. 仪器校准

(1) 连接好烟箱与计算机的连接线及电源线，确保仪器左上角的风机开关在“关”的位置。

(2) 打开仪器电源开关及背灯开关，烟箱内有一束光照射到仪器右侧光接收处，预热约 15 min。

(3) 打开计算机，双击桌面上“建筑材料烟密度”图标，屏幕出现“烟密度积分曲线”界面，如图 4-7 所示。输入采样时间，最小采样时间为 0.5 s。点击屏幕左侧“系统校准”按钮，屏幕出现“系统校准”界面，如图 4-8 所示。

(4) 点击“校准开始”，用一遮光片挡住光接收口，点击“插入遮光片”按钮，光电池信号显示“0.00”，弹出“插入遮光片”按钮后移走遮光片。点击“移出遮光片”按钮，光电池信号显示一定数值，稳定后弹出“移出遮光片”按钮。

(5) 点击“插入滤光片”按钮，吸收率显示“100.00”，分别将标定的滤光片遮住接收口，吸收率显示的数值分别与滤光片上的数值相对应，偏差小于 3%，若有较大偏差，可微调仪

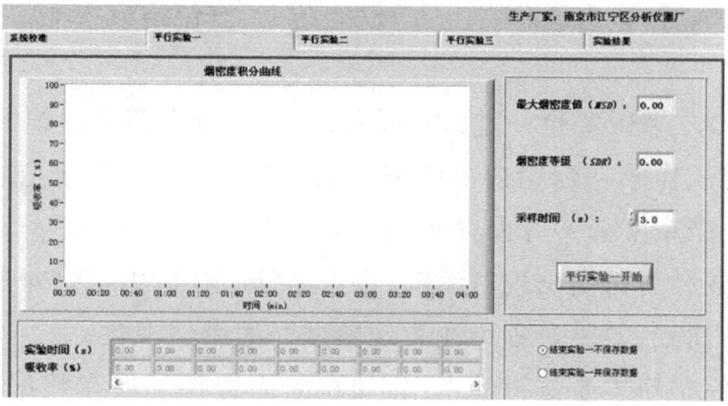

图 4-7　“烟密度积分曲线”界面

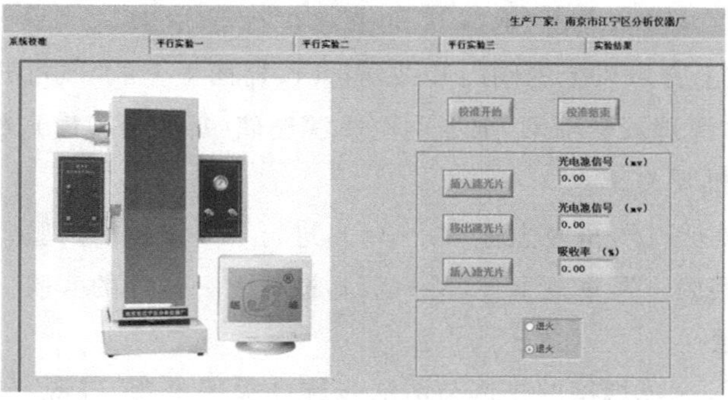

图 4-8　“系统校准”界面

器面板上“满度”旋钮，使之适合实验要求后弹出“插入滤光片”按钮。

（6）顺时针关闭仪器上的“燃气开关”及“燃气调节”阀门，打开燃气源总阀门，再打开仪器上“燃气开关”及“燃气调节”阀门，用明火点着本生灯，如图 4-9 所示；调节“燃气调节”阀门使压力表指示 210 kPa 左右，点击屏幕右侧“进火”按钮，使本生灯火焰处于筛网中心部位，再点击“退火”按钮使本生灯复位。

图 4-9　本生灯点火装置

(7) 系统校准完毕后,点击屏幕右上方"校准结束"按钮结束校准。

4. 实验步骤

(1) 点击屏幕上方"平行实验一"按钮,屏幕出现"烟密度积分曲线"。

(2) 将准备好的试样放在烟箱内的筛网上,如需保存数据,在点击屏幕右侧"平行实验一开始"按钮前选择"结束实验一并保存数据",之后点击"平行实验一开始"按钮。屏幕出现对话框,点击"确定"数秒后再次出现对话框,再点击"确定"后本生灯对试样施加火焰4 min,屏幕出现烟密度积分曲线,实验过程中注意观察试样的燃烧现象。

(3) 4 min 施焰完毕后本生灯自动退出,如在前面选择了保存数据,则选定文件保存地址、输入文件名后点击"确定",屏幕出现对话框提示进行第二个试样的实验,点击"确定"按钮。

(4) 如未选择保存数据,点击"确定"后可直接进行下次实验。

(5) 打开仪器左上方风机上的阀门开关,打开仪器面板上的"风机开关"按钮,对烟箱进行排烟,并打开箱门,清理试样筛网,擦净两侧光源玻璃(每次实验后),放好下一试样后关上箱门、风机阀门及风机开关。

(6) 点击"平行实验二",重复上述(2)～(5),进行下一试样的实验。

(7) 点击"平行实验三",重复上述(2)～(5),进行下一试样的实验。

5. 实验结束处理

实验全部结束后,完成烟箱的排烟与清洁步骤并关闭电源、气源、计算机,整理仪器,对烟箱及试样支架进行必要的维护,确保燃烧材料完全熄灭且温度冷却后将燃烧后的残渣(图 4-10)收集到指定的垃圾桶,不可随意丢弃。

图 4-10　燃烧残渣

六、实验结果

点击"实验结果",选择实验次数,输入观察的实验现象,选择是否保存数据后点击"生成实验报告",屏幕将出现所选次数的平行实验结果平均值及烟密度积分曲线,并生成实验报告。如选择了保存数据,选定文件保存地址后输入文件名保存。实验结果如图 4-11 和

图 4-12 所示。

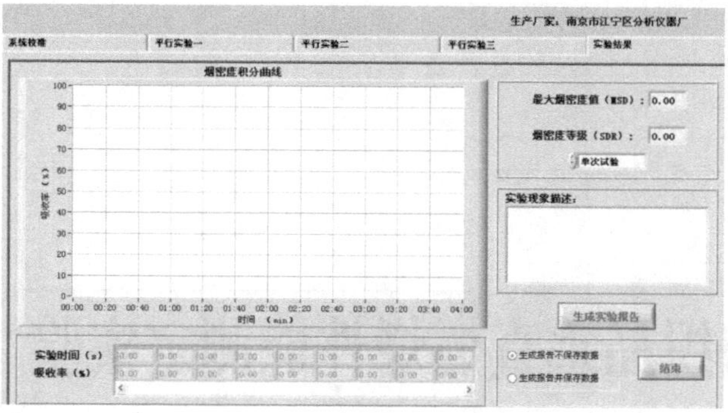

图 4-11　“实验结果”界面

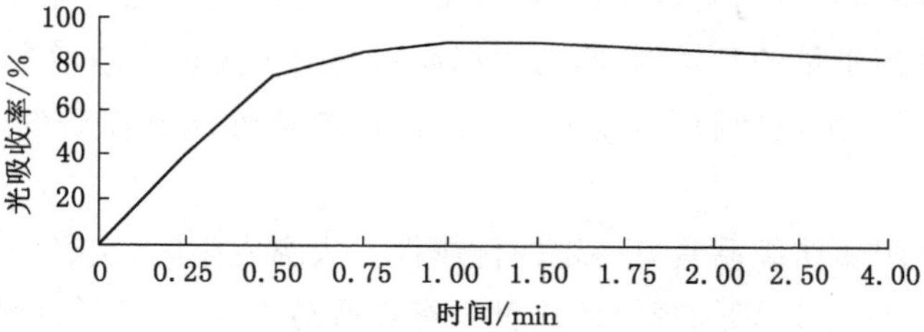

图 4-12　光吸收率与时间关系曲线

七、分析讨论

(1) 如何利用本实验的结果，对建筑火灾烟气的能见度进行评估？

(2) 不同材料燃烧的烟密度有什么区别？哪些材料对建筑火灾烟气能见度影响最大？

八、实验报告

实验报告由实验指导教师根据实验项目提出具体要求，主要应包括：

(1) 实验目的。

(2) 实验原理。

(3) 试样信息、实验步骤及实验全过程中的现象记录。

(4) 实验结果。

(5) 问题讨论，结合具体建筑火灾进行讨论，给出详细的分析步骤与过程。

实验5

纺织品垂直燃烧性能测定实验

随着各类纺织品消费量的迅速增加，特别是各种室内的装饰物（窗帘、帷幕、墙布、地毯、家具布）和床上用品需求量的日益增加，由纺织品引起的火灾也不断增多。火灾给人们的生命和财产安全带来了巨大的威胁，所以分析纺织品的燃烧性能进而研发阻燃纺织品是十分必要的。

大量研究表明，阻燃纺织品具有一定的优越性。火灾发生时，阻燃纺织品可提供更长的逃逸时间（增加10～15倍），燃烧释放的热量只有普通纺织品的25％，燃烧释放的有毒气体只有普通纺织品的1/3（用CO值表示），并且不产生剧烈浓烟，能大大减少火灾造成的损失。

一、实验目的

（1）掌握垂直燃烧测试仪的使用方法。

（2）利用垂直法测量材料燃烧的续燃时间、阴燃时间、损毁长度等，了解纺织品的垂直燃烧性能，评测其阻燃性。

二、实验原理

目前，纺织品燃烧性能的基本测试原理和评定主要有两种。一种是从纺织品的燃烧速率来进行评判，即经过阻燃整理的面料按规定的方法与火焰接触一定的时间，然后移去火焰，测定面料继续有焰燃烧的时间和无焰燃烧的时间，以及面料被损毁的程度。另一种是通过氧指数（也称极限氧指数）法来进行评判，面料燃烧都需要氧气，氧指数是面料燃烧所需氧气的表述，故通过测定氧指数即可判定面料的燃烧性能。

根据《阻燃织物》（GB/T 17591—2006），阻燃织物的燃烧性能应符合表5-1中的规定。

有关名词解释如下：

（1）续燃时间：在规定的实验条件下，移开（点）火源后材料持续有焰燃烧的时间。

（2）阴燃时间：在规定的实验条件下，当有焰燃烧终止后，或者移开（点）火源后，材料持续无焰燃烧的时间。

（3）损毁长度：在规定的实验条件下，材料损毁面积在规定方向上的最大长度。

表 5-1 燃烧性能要求

产品类别	项目	考核指标		实验方法
		B_1级	B_2级	
装饰用织物	损毁长度/mm	≤150	≤200	GB/T 5455
	续燃时间/s	≤5	≤15	
	阴燃时间/s	≤5	≤15	
飞机、轮船内饰用织物	损毁长度/mm	≤150	≤200	GB/T 5455
	续燃时间/s	≤5	≤15	
	燃烧滴落物	未引燃脱脂棉	未引燃脱脂棉	
阻燃防护服用织物（洗涤前和洗涤后）	损毁长度/mm	≤150	—	GB/T 5455
	续燃时间/s	≤5	—	
	阴燃时间/s	≤5	—	
	熔融、滴落	无	—	

(4) 点火时间：点火源的火焰施加到试样上的时间。

常用的燃烧性能测试方法有多种，如：燃烧实验法、发烟性实验法、闪点和自燃点测定法、极限氧指数法、阻燃整理热分析法、表面燃烧实验法、锥形量热计法、热辐射法、简易测试法等。

此次采用燃烧实验法进行燃烧性能测试，主要测定试样的燃烧广度（炭化面积和损毁长度）、续燃时间和阴燃时间。根据试样与火焰的相对位置，可以分为垂直法、倾斜法和水平法。垂直法适用于测定服装织物、装饰用织物、帐篷织物等的燃烧性能；倾斜法适用于飞机内饰用织物；水平法适用于地毯之类的铺垫织物。

垂直法原理及过程：将一定尺寸的试样垂直置于规定的燃烧实验箱中，用规定的火源点燃 12 s，除去火源后测定试样的续燃时间和阴燃时间，阴燃停止后，按规定的方法测出损毁长度。倾斜法和水平法原理及过程与垂直法的类似。

三、实验仪器

垂直燃烧测试仪（图 5-1）依据《纺织品 燃烧性能 垂直方向损毁长度、阴燃和续燃时间的测定》（GB/T 5455—2014）中所规定的技术指标和要求设计制作，适用于各类纺织品及其制品垂直方向底边点火时燃烧性能的测试。

四、试样准备

1. 准备试样

根据选用的试样处理方法准备一组试样。条件 A：尺寸 300 mm×89 mm，经（纵）向取 5 块，纬（横）向取 5 块，共 10 块试样。条件 B：尺寸 300 mm×89 mm，经（纵）向取 3 块，纬（横）向取 2 块，共 5 块试样。

2. 取样位置

剪取试样时距离纺织品边至少 100 mm，试样的两边分别与纺织品的经（纵）向和纬

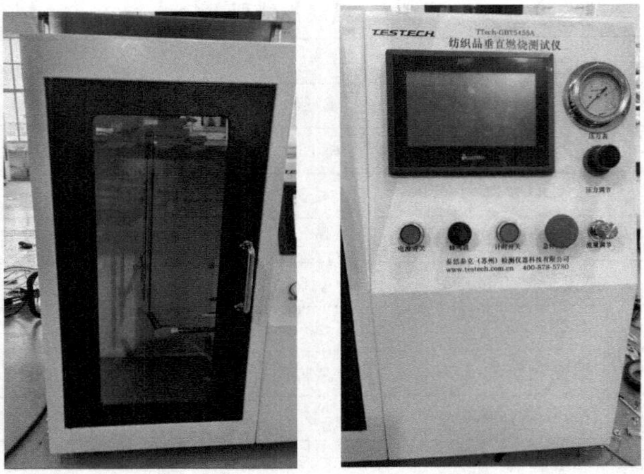

图 5-1　垂直燃烧测试实验箱和电控箱

（横）向平行，试样表面应无污损，无皱褶。经向试样不能取自同一经纱，纬向试样不能取自同一纬纱。如果测试制品，试样中可包含接缝或装饰物。

3. 试样处理

选用下列条件之一对试样进行调湿或干燥：将条件 A 的试样放置在《纺织品 调湿和试验用标准大气》(GB/T 6529—2008)规定的标准大气条件下进行调湿，然后将调湿后的试样放入密封容器内；将条件 B 的试样置于(105±3) ℃的烘箱内干燥(30±2)min 取出，放置在干燥器中冷却，冷却时间不少于 30 min。条件 A 和条件 B 所测结果不具可比性。

五、实验内容与方法

1. 安装试样

试样从密封容器或干燥器中取出到开始点燃试样的时间，必须在 1 min 内。将试样从密封容器或干燥器中取出，装入试样夹中。试样底边与试样夹底边平齐，试样夹边缘用足够数量的夹子夹紧。然后挂在实验箱内支架上，侧面被试样夹固定装置固定，垂直挂于实验箱中心。调整喷灯置于试样下方，喷灯口在试样下方正中心，喷灯口距试样底部 17 mm。试样夹如图 5-2 所示。

2. 电气与气路连接

电气连接如图 5-3 所示。气路连接如图 5-4 所示，根据调湿条件选用气体，条件 A 选用工业用丙烷、丁烷或丙烷-丁烷混合气体；条件 B 选用纯度不低于 97%的甲烷气体。连接气路后，钢瓶压力调整为 0.05 MPa；调节压力调节阀，调节气体压力为(17.2±1.7)kPa。

3. 实验步骤

(1)开机，显示实验初始界面，如图 5-5 所示。

(2) 点击“进入实验”，进入实验操作界面，如图 5-6 所示。

火焰施加到试样上的时间即点火时间，点火时间根据选用的调湿条件确定：条件 A 为 12 s，条件 B 为 3 s。

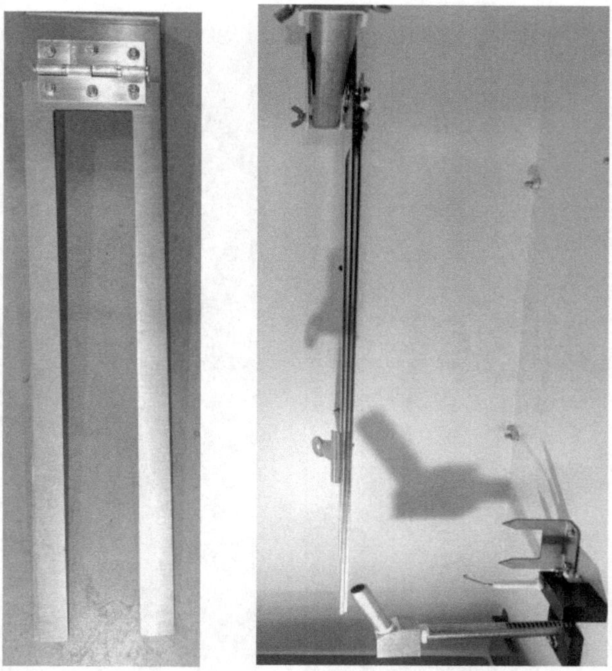

图 5-2　试样夹

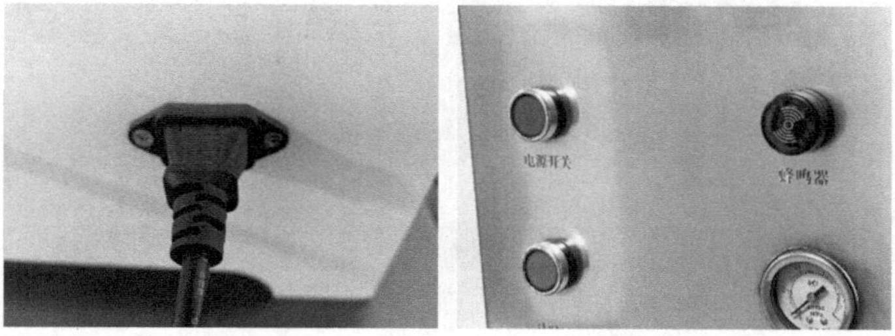

(a) 连接电源线　　(b) 按下电源开关按钮

图 5-3　电气连接

① 输入试样编号，选择试样引燃时间（自定义：点击后弹出输入窗口输入时间即可）。

② 点击“点火”按钮开始点火，同时调节流量调节阀，直到有火焰产生；调节流量调节阀，使火焰高度为（40±2）mm（注：第一次点火时，因为管路内预存的是空气，需开、关点火按钮若干次，才能成功点火）。

③ 点击“开始”按钮，电机自动将喷灯推至最左侧，开始引燃试样，同时引燃时间开始计时；引燃时间结束后，设备自动关气熄火，喷灯回归原位；续燃时间开始计时，当续燃结束时，按下“计时”按钮结束计时；同时阴燃时间开始计时，当阴燃结束时，再次按下“计时”按钮结束计时。

④ 如果试样有烧通现象，应进行记录。

⑤ 当被测试样为熔融性纤维制成的纺织品时，在燃烧过程中容易有燃烧滴落物产生，

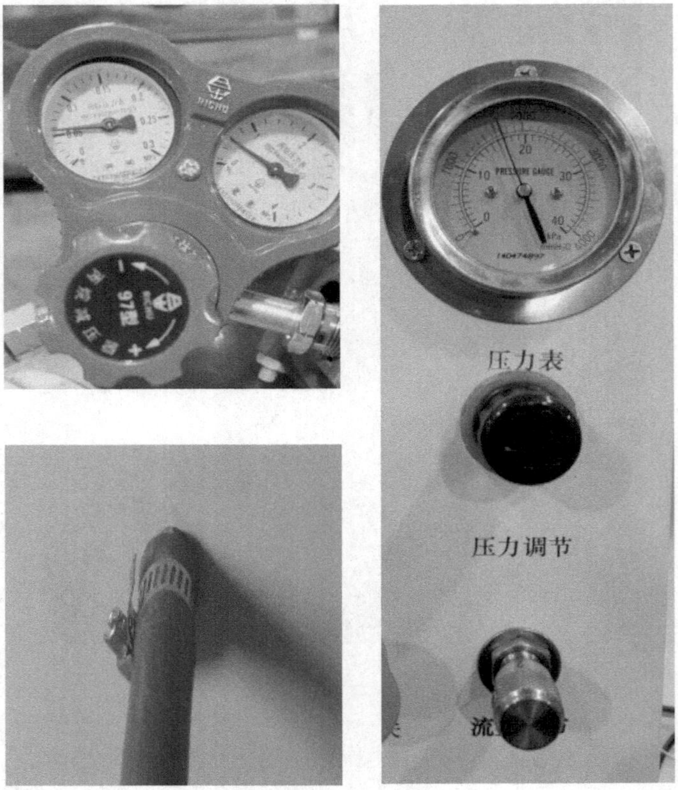

图 5-4　气路连接

图 5-5　实验初始界面

应在实验箱的箱底平铺上 10 mm 厚的医用脱脂棉。观察燃烧滴落物是否引起脱脂棉的燃烧或阴燃，并记录。

⑥ 将实验中产生的烟气排出。

⑦ 打开实验箱，取出试样，沿着试样长度方向上损毁面积内最高点折一条直线。然后在试样的下端一侧，距其底边及侧边各约 6 mm 处，挂上选用的重锤(表 5-2)。再用手缓缓提起试样下端的另一侧，让重锤悬空，再放下，测量并记录试样撕裂的长度，即为损毁长度，

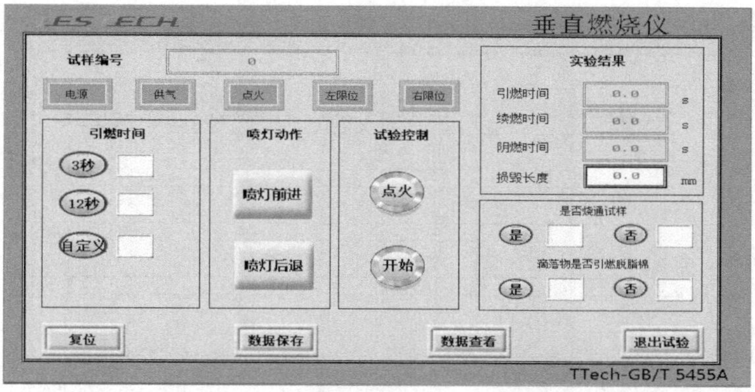

图 5-6　实验操作界面

精确至 1 mm，如图 5-7 所示。对燃烧时熔融又连接到一起的试样，测量损毁长度时，应以熔融的最高点为准。

表 5-2　纺织品单位面积质量与选用重锤质量的关系

纺织品单位面积质量/(g·m^{-2})	重锤质量/g
101 以下	54.5
101～207 以下	113.4
207～338 以下	226.8
338～650 以下	340.2
650 及以上	453.6

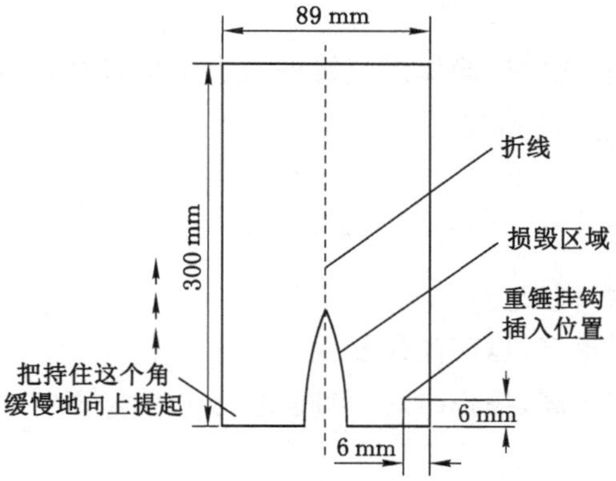

图 5-7　损毁长度测量示意图

⑧ 测量试样损毁长度并输入数值。

⑨ 点击“数据保存”按钮，保存实验数据，如图 5-8 所示。

(3) 结束步骤。

按照点火的过程，点燃喷灯，再关闭燃气瓶的阀门。燃烧过程中，可逐渐调节流量调节

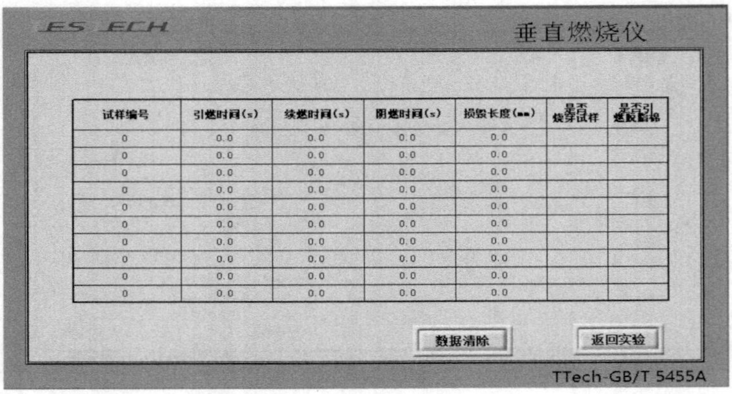

图 5-8 实验数据保存界面

阀增大流量。目的是让气瓶到喷灯管路内的气体烧完，以防止管路内燃气放散到实验室。待火焰自动熄灭后，关闭电源，清理燃烧箱。

(4) 实验结果计算。

根据调湿条件，计算实验结果。

条件 A：分别计算经(纵)向、纬(横)向各 5 块试样的续燃时间、阴燃时间和损毁长度的平均值，结果精确至 0.1 s 和 1 mm。

条件 B：计算 5 块试样的续燃时间、阴燃时间和损毁长度的平均值，结果精确至 0.1 s 和 1 mm。

六、常见问题

(1) 点火时，点火针没有电火花，此时可查看点火针与喷灯口距离是否较远。如较远，应调整至合适距离。

(2) 点火时，没有火焰，此时应确保燃气罐的压力阀都打开。第一次点火时，需开、关点火按钮若干次，以排空管路内的空气。

七、安全防护

(1) 设备电源插座必须接地。

(2) 点火时，不要靠近喷灯，以防高压触电。

(3) 实验过程中，温度较高，操作时，注意高温，小心烫伤。

八、分析讨论

(1) 试样的描述，以及试样的调湿条件(条件 A 或条件 B)。

(2) 试样续燃时间、阴燃时间、损毁长度的实测值及其平均值。

(3) 试样燃烧后特征，如炭化、熔融、收缩、卷曲等。

(4) 燃烧时是否有燃烧滴落物，及燃烧滴落物是否引起脱脂棉燃烧或阴燃。

(5) 分析可能造成实验误差的情况。

九、实验报告

实验报告由实验指导教师根据实验项目提出具体要求，主要应包括：

(1) 实验目的。

(2) 实验仪器。

(3) 实验步骤(或方法)。

(4) 数据结果及分析。

(5) 分析讨论。

实验 6

建筑材料燃烧性能实验

建筑材料的燃烧性能是指其燃烧或遇火时所发生的一切物理和化学变化。建筑材料的燃烧性能是评价其火灾危险性的重要指标之一，也是建筑材料性能的重要参数之一。建筑材料的燃烧性能主要取决于其化学组成、结构和物理性质。一些建筑材料，如木材、布料等易燃材料，易被点燃，且燃烧迅速。而一些无机非金属材料，如水泥、石膏和玻璃等，不易被点燃，且即使被点燃也不会迅速燃烧。

建筑材料的燃烧性能直接关系到建筑物的防火安全，很多国家均建立了自己的建筑材料燃烧性能分级体系。我国于 1988 年首次发布了强制性国家标准《建筑材料燃烧性能分级方法》(GB 8624—1988)，同时还制定了相关的实验方法标准。经过多年的实践，该标准对我国防火规范的贯彻实施发挥了重要的作用。经多次修订，目前实施的国家标准为《建筑材料及制品燃烧性能分级》(GB 8624—2012)。

国外(欧盟)在火灾科学基础理论发展的基础上，建立了建筑材料燃烧性能相关分级体系，分为 A1、A2、B、C、D、E、F 七个等级。根据国家标准《建筑材料及制品燃烧性能分级》(GB 8624—2012)，我国建筑材料及制品的燃烧性能等级分为 A、B_1、B_2、B_3(表 6-1)，规范中还明确了该分级与欧盟标准分级的对应关系。

表 6-1 建筑材料及制品的燃烧性能等级

燃烧性能等级	名称
A	不燃材料(制品)
B_1	难燃材料(制品)
B_2	可燃材料(制品)
B_3	易燃材料(制品)

(1) A 级为不燃材料。

(2) B_1 级为难燃材料，有较好的阻燃作用。其在空气中遇明火或在高温作用下难起火，不易很快发生蔓延，且当火源移开后燃烧立即停止。

(3) B_2 级为可燃材料，有一定的阻燃作用。其在空气中遇明火或在高温作用下会立即起火燃烧，易导致火灾的蔓延，如木柱、木屋架、木梁、木楼梯等。

(4) B_3 级为易燃材料，无任何阻燃效果，极易燃烧，火灾危险性很大。

平板状建筑材料及制品的燃烧性能等级和分级判据见表6-2。表中满足A1、A2级即为A级，满足B级、C级即为 B_1 级，满足D级、E级即为 B_2 级。

表6-2　平板状建筑材料及制品的燃烧性能等级和分级判据

燃烧性能等级		试验方法	分级判据
A	A1	GB/T 5464[a]且	炉内温升 $\Delta T \leqslant 30$ ℃； 质量损失率 $\Delta m \leqslant 50\%$； 持续燃烧时间 $t_f = 0$
		GB/T 14402	总热值 PCS≤2.0 MJ/kg[a,b,c,e] 总热值 PCS≤1.4 MJ/m^2[d]
	A2	GB/T 5464[a]或　且	炉内温升 $\Delta T \leqslant 50$ ℃； 质量损失率 $\Delta m \leqslant 50\%$； 持续燃烧时间 $t_f \leqslant 20$ s
		GB/T 14402　且	总热值 PCS≤3.0 MJ/kg[a,e]； 总热值 PCS≤4.0 MJ/m^2[b,d]
		GB/T 20284	燃烧增长速率指数 $FIGRA_{0.2MJ} \leqslant 120$ W/s 火焰横向蔓延未到达试样长翼边缘； 600 s的总放热量 $THR_{600s} \leqslant 7.5$ MJ
B_1	B	GB/T 20284且	燃烧增长速率指数 $FIGRA_{0.2MJ} \leqslant 120$ W/s； 火焰横向蔓延未到达试样长翼边缘； 600 s的总放热量 $THR_{600s} \leqslant 7.5$ MJ
		GB/T 8626 点火时间30 s	60 s内焰尖高度 Fs≤150 mm； 60 s内无燃烧滴落物引燃滤纸现象
	C	GB/T 20284且	燃烧增长速率指数 $FIGRA_{0.4MJ} \leqslant 250$ W/s； 火焰横向蔓延未到达试样长翼边缘； 600 s的总放热量 $THR_{600s} \leqslant 15$ MJ
		GB/T 8626 点火时间30 s	60 s内焰尖高度 Fs≤150 mm； 60 s内无燃烧滴落物引燃滤纸现象
B_2	D	GB/T 20284且	燃烧增长速率指数 $FIGRA_{0.4MJ} \leqslant 750$ W/s
		GB/T 8626 点火时间30 s	60 s内焰尖高度 Fs≤150 mm； 60 s内无燃烧滴落物引燃滤纸现象
	E	GB/T 8626 点火时间15 s	20 s内的焰尖高度 Fs≤150 mm； 20 s内无燃烧滴落物引燃滤纸现象
B_3	F	无性能要求	

注：a. 匀质制品或非匀质制品的主要组分。b. 非匀质制品的外部次要组分。c. 当外部次要组分的PCS≤2.0 MJ/m^2 时，若整体制品的 $FIGRA_{0.2MJ} \leqslant 20$ W/s，LFS<试样边缘、$THR_{600s} \leqslant 4.0$ MJ并达到s1和d0级，则达到A1级。d. 非匀质制品的任一内部次要组分。e. 整体制品。

实验 6.1 建筑材料可燃性实验

一、实验目的

(1) 根据国家标准《建筑材料可燃性试验方法》(GB/T 8626—2007)进行建筑材料的燃烧性能实验，了解建筑材料燃烧性能的实验条件及过程。

(2) 通过选择不同建筑材料，或自行制作复合材料，或对材料进行阻燃处理后进行燃烧性能实验，对比不同材料的燃烧性能，考察阻燃效果等。

二、实验仪器

实验仪器为 JCK-3 型建筑材料可燃性实验炉，见图 6-1。实验材料为建筑材料制品(一般选用平板状建筑材料)。火焰高度及试样位置均可控制。燃烧器由孔径为 0.17 mm 的喷嘴和调节阀组成，燃烧器可倾斜 45°。气源为纯度不低于 95%的丙烷。试样夹由两个 U 型不锈钢框架构成，宽 15 mm，厚 5 mm。计时器对试样施加火焰时间 0～9 999 s 可设定。续燃时间0～9 999 s 可设定。火焰高度测量工具高度为(20±0.1)mm。烟道内空气流速：在只点燃燃烧器和打开抽风罩的条件下，箱体烟道内的空气流速应为(0.7±0.1)m/s，可用风速仪测量，风速仪精度±0.1 m/s。

图 6-1 JCK-3 型建筑材料可燃性实验炉

三、实验内容与方法

1. 试样制作和实验准备

(1) 每组制作 5 个试样，其规格为：采用边缘点火的试样为 250 mm×180 mm；采用表面点火的试样为 90 mm×250 mm。试样的厚度应符合材料的实际使用情况，最大厚度不超过 80 mm；对采用边缘点火的试样，在试样高度 150 mm(从最低沿算起)处划一条全宽刻度线；对采用表面点火的试样，在试样高度 40 mm 及 190 mm 处(均从最低沿算起)各划一全宽刻度线，如图 6-2 所示。

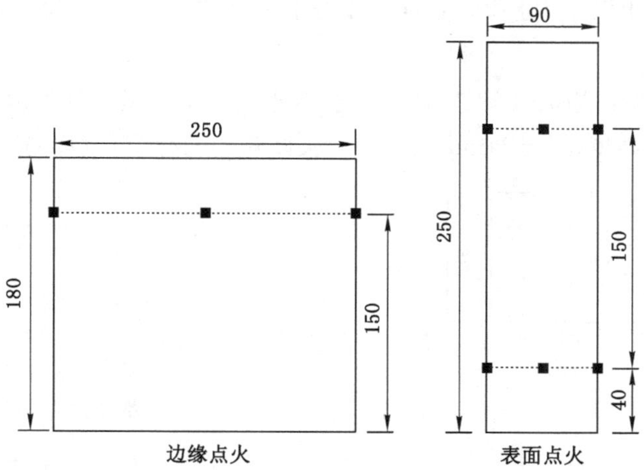

图 6-2　试样制作例图

(2) 实验之前，试样和滤纸应在温度为(23±2)℃、相对湿度为(50±5)%的条件下至少存放 14 d，或调节至间隔 48 h，前后两次称量的质量变化率不大于 0.1%。

(3) 确保燃烧箱体烟道内的空气流速符合要求。

(4) 将试样置于试样夹中，这样试样的两个边缘和上边缘被试样夹封闭，受火端距试样夹底端 30 mm。

(5) 将燃烧器角度调至 45°，并用标准中规定的定位器来确认试样与燃烧器的距离。

2. 实验步骤

(1) 检查仪器面板上的时间显示器设定值是否为标准值(施焰时间为 0015 s，续燃时间为 9 999 s，按动仪器上的拨码可实现设置)，如图 6-3 所示。

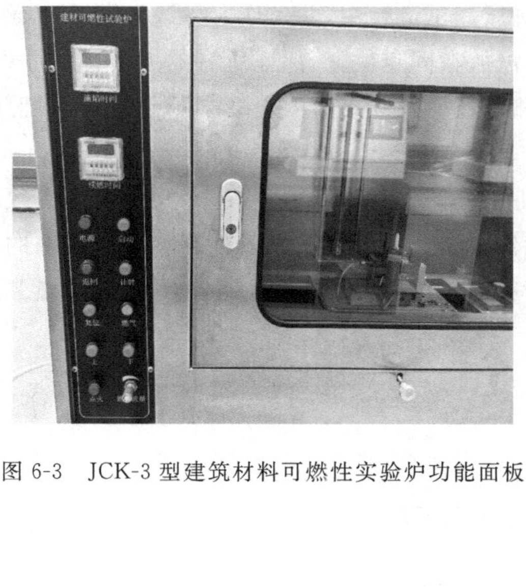

图 6-3　JCK-3 型建筑材料可燃性实验炉功能面板

（2）接通电源、气源，关闭仪器面板上的“燃气”阀，打开钢瓶阀门。

（3）打开电源开关，按“返回”键使燃烧器返回到垂直状态。

（4）打开燃烧箱门，将装有试样的试样夹固定在燃烧箱内，按“启动”键后，根据试样的情况通过面板上的“上”“下”键和设备前面的推拉杆调节试样夹与燃烧器的距离，再按“返回”键使燃烧器返回。

（5）按下“燃气”键，逆时针旋转“燃气流量”，听到本生灯里有气流声即可按“点火”键点着燃烧器，调节火焰高度（20±2）mm（图 6-4），关闭箱门，火焰与试样的距离如图 6-5 所示。

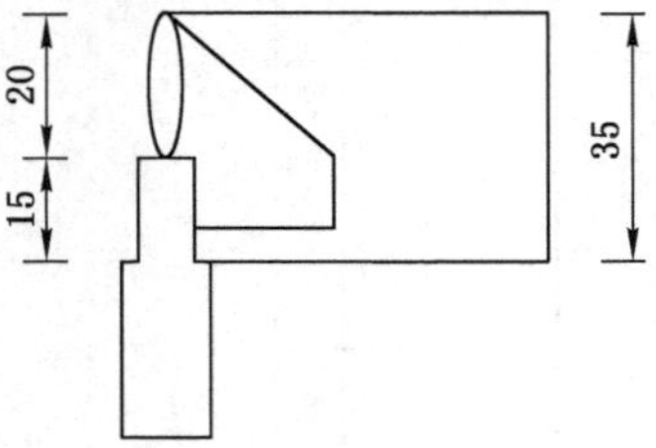

图 6-4　火焰高度

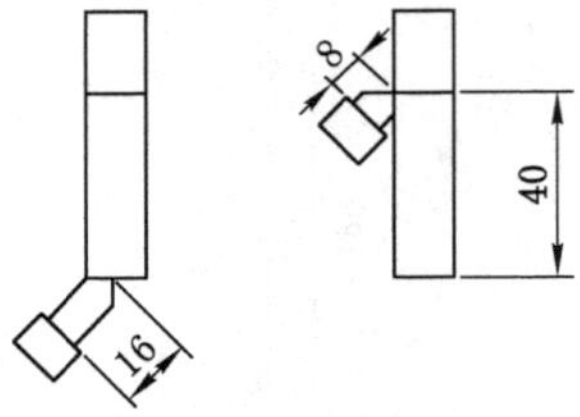

（a）边缘点火　（b）表面点火

图 6-5　距离调节

（6）按“启动”键，使燃烧器对试样施加火焰 15 s，施加火焰完毕后，燃烧器自动移去，计量从点火开始至火焰到达刻度线或试样表面燃烧火焰熄灭的时间，按“计时”键，仪器面板上的时间显示器停止，并记录此数据。

（7）重复做 5 个试样后，关掉电源、燃气开关及钢瓶阀门，对燃烧箱、试样夹进行必要的维护。

（8）在实验过程中施焰时间未到 15 s，而火焰尖头已达刻度线时，按“返回”键移去燃烧器。

四、注意事项

（1）测试时尽可能使用非导电的阻燃材质的工作桌或工作台。如果本仪器进行高压测试时，必须标明“危险！高压测试进行中，非工作人员请勿靠近”。测试场所必须随时保持整齐、干净。不使用的仪器需放在固定位置，保证所有的人员都能立即分出正在测试的对象、待测对象和已测对象。测试场所及其周边的空气中不能含有可燃气体，不得在易燃物质的旁边使用本仪器。

（2）本仪器必须由训练合格的人员使用和操作，操作人员必须了解各种操作规则的重要性，并依据操作规则操作本仪器。操作人员不可穿有金属装饰的衣服或佩戴金属的首饰和手表等，这些金属饰物很容易造成意外感电。心脏病患者或佩戴心律调整器的人员严禁操作本仪器。

五、实验结果

（1）记录点火位置。

（2）对于每块试样，记录以下现象：

① 试样是否被引燃。

② 火焰尖端是否达到点火处 150 mm 处,并记录该现象发生时间。

③ 滤纸是否被点燃。

④ 观察试样的物理行为。

(3) 根据《建筑材料及制品燃烧性能分级》(GB 8624—2012)中平板状建筑材料及制品的燃烧性能等级和分级判据(表 6-2)判断材料燃烧性能等级。

六、分析讨论

(1) 可燃材料燃烧有什么特点?

(2) 材料的燃烧特性与厚度有什么关系?

(3) 观察在点火开始后 20 s 内,滤纸是否被引燃。

七、实验报告

实验报告由实验指导教师根据实验项目提出具体要求,主要应包括:

(1) 实验目的。

(2) 实验仪器。

(3) 实验步骤(或方法)。

(4) 数据结果及分析。

(5) 分析讨论。

实验 6.2 建筑材料难燃性实验

一、实验目的

(1) 掌握建筑材料难燃性实验操作。

(2) 有机类建筑外保温材料根据受热后物理形态变化的不同现象,一般可以分为热塑型材料和热固型材料,掌握、分析这两大类材料的特性对实验结果的影响。

二、实验仪器

本方法的实验装置主要包括燃烧竖炉及测试设备两部分。

1. 燃烧竖炉

燃烧竖炉主要由燃烧室、燃烧器、试样支架、空气稳流器及烟道等部分组成。其外形尺寸为 1 020 mm×1 020 mm×3 930 mm(图 6-6 和图 6-7)。

(1) 燃烧室。

燃烧室由炉壁和炉门构成,其内空间尺寸为 800 mm×800 mm×2 000 mm。炉壁为保温夹层结构,其结构形式见图 6-7。

炉门分为上、下两门,分别用铰链与炉体连接,其结构与炉壁相似。两门借助手轮和固

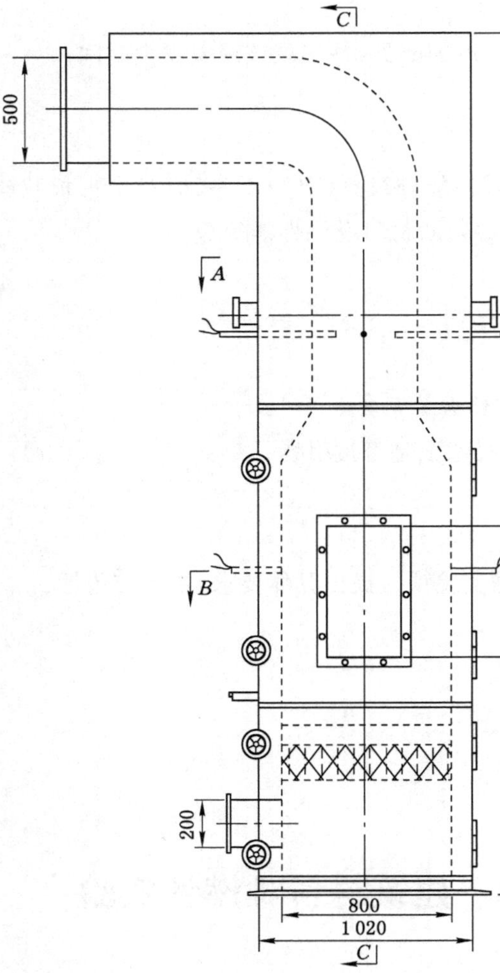

图 6-6　燃烧竖炉

定螺杆与炉体闭合。

在上炉门和燃烧室后壁设有观察窗。

(2) 燃烧器。

燃烧器(图 6-8)水平置于燃烧室中心,距炉底 1 000 mm 处。

(3) 试样支架。

试样支架为高 1 000 mm 的长方体框架,框架四个侧面设有调节试样安装距离的螺杆,框架由角钢制成(图 6-9)。

(4) 空气稳流器。

空气稳流器为一角钢制成的方框,设置于燃烧器下方。方框底部铺设铁丝网,其上铺设多层玻璃纤维毡。

(5) 烟道。

燃烧竖炉的烟道为方形的通道,其截面积为 500 mm×500 mm,并位于炉子顶部,下部

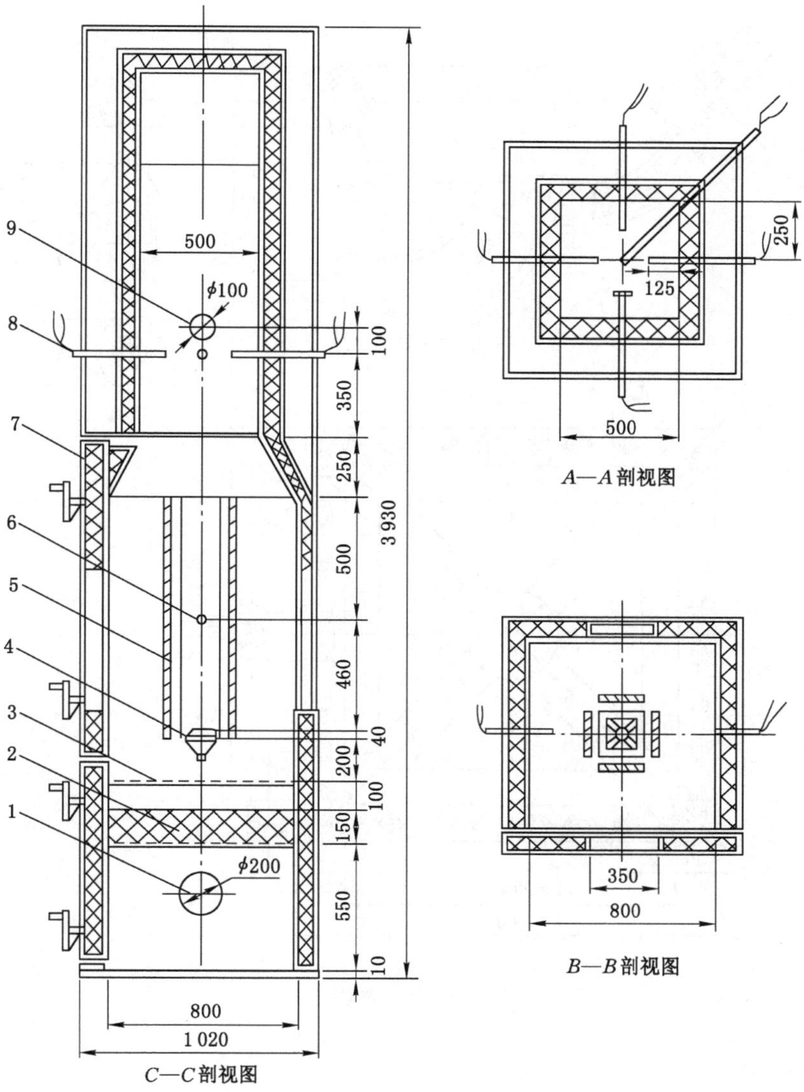

1—空气进口管；2—空气稳流器；3—铁丝网；4—燃烧器；5—试样；6—壁温热电偶；
7—炉壁结构(由内向外)2 mm钢板、6 mm石棉网、约40 mm厚的岩棉纤维隔热材料、
10 mm石棉水泥板；8—烟道热电偶；9—T型炉压测试管。

图6-7 燃烧竖炉剖视图

与燃烧室相通，上部与外部烟囱相接。

(6) 供气。

为了在燃烧室内形成均匀气流，在炉体下部通过ϕ200 mm管道以恒定的速率及温度输入空气。

2. 测试设备

燃烧竖炉的测试设备包括流量计、热电偶、温度记录仪、温度显示仪表及炉内压力测试仪表等。

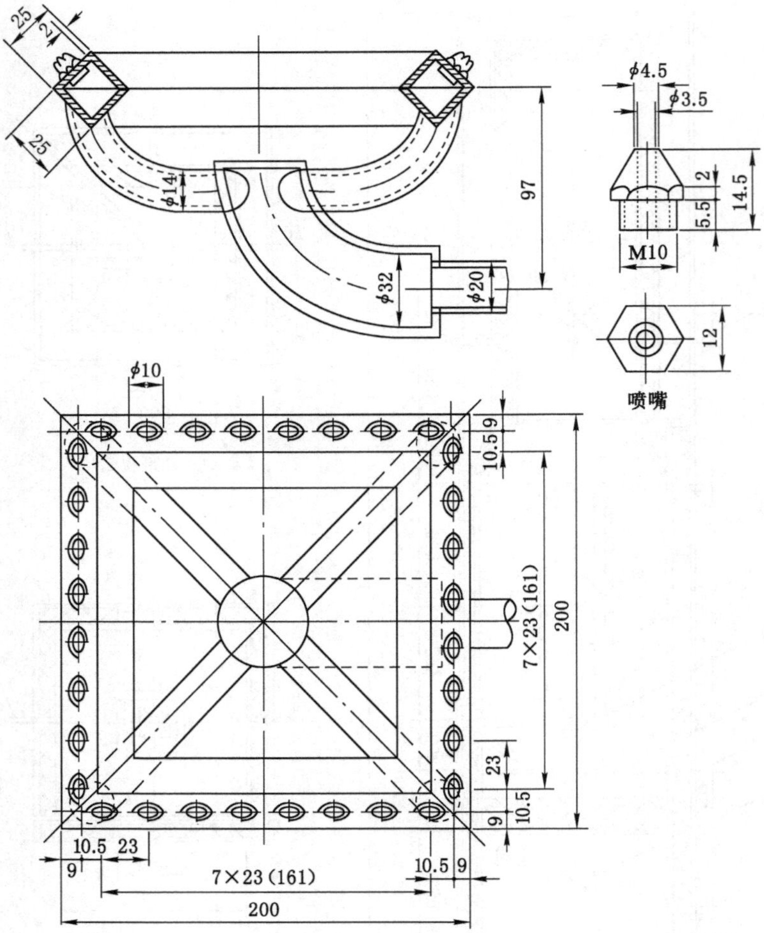

图 6-8　燃烧器

(1) 流量计。

甲烷和压缩空气流量的测定，选用精度 2.5 级，量程范围为 0.25～2.50 m^3/h 的流量计。

(2) 热电偶。

烟道气温度和炉壁温度的测定均采用精度为Ⅱ级，丝径为 0.5 mm，外径不大于 3 mm 的镍铬-镍硅铠装热电偶。安装部位见图 6-7。

(3) 温度记录仪及显示仪表。

温度测定采用微机显示和记录，其测试精度为 1 ℃；也可采用与热电偶配套的精度为 0.5 级的可连续记录的电子电位差计或其他合适的可连续记录仪表。

3. 炉内压力

在距炉底 2 700 mm 的烟道部位，距烟道壁 100 mm 处设置 T 型炉压测试管，T 型炉压测试管内径 10 mm，头宽 100 mm，通过一台精度 0.5 级的差压变送器与微机或其他记录仪相连，进行连续监测。

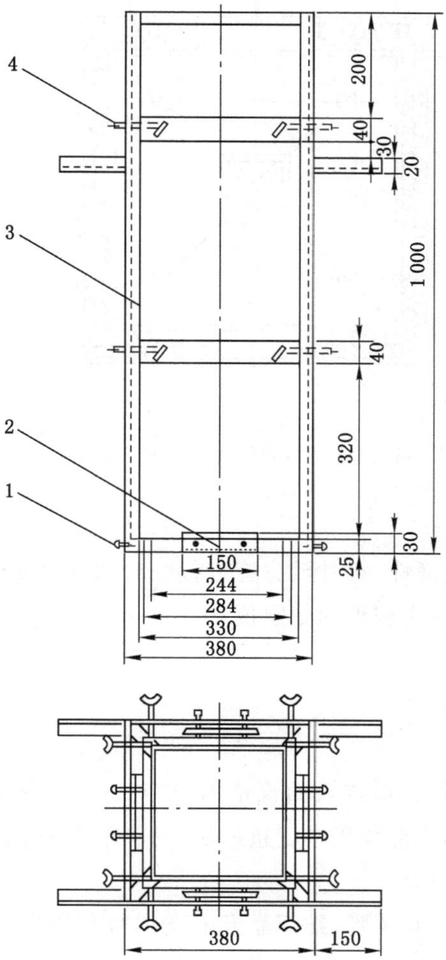

1—固定螺杆；2—底座；3—角钢框架；4—调节螺杆。

图 6-9　试样支架

4. 燃烧竖炉中各组件的校正实验

(1) 热荷载的均匀性实验。

为确保实验时试样承受热荷载的均匀性。将 4 块 1 000 mm×190 mm×3 mm 的不锈钢板放置于试样支架上，在距各不锈钢板底部 200 mm 处的中心线上，牢固地设置 1 支镍铬-镍硅热电偶。当实验进行 10 min 后，从上述不锈钢板上 4 支热电偶所测得的温度平均值应为(540±15)℃，否则，装置应进行调试。该项实验必须每 3 个月进行一次。

(2) 空气的均匀性实验。

在燃烧竖炉下炉门关闭的供气条件下，在空气稳流器的钢丝网上取 5 点(图 6-10)，距网 50 mm 处，采用测量误差不大于 10%的热球式微风速仪或其他具有相同精度的风速仪，测量每点的风速。5 个测速点所测得的风速的平均值换算成气流量，并应满足竖炉规定的 $(10\pm1)m^3/min$ 的供气量。该项实验必须每半年进行一次。

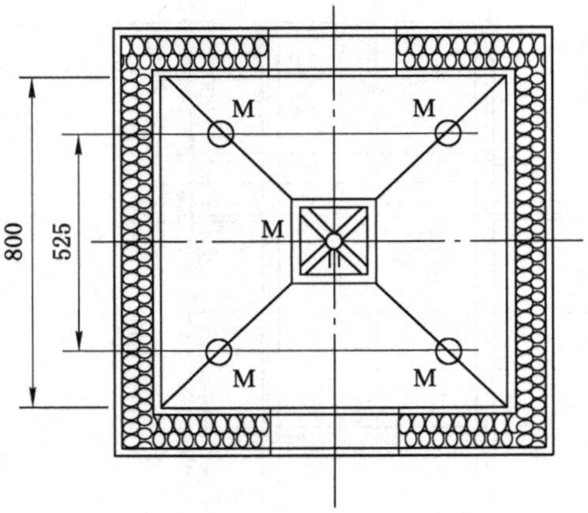

图 6-10　空气的均匀性实验测点位置

(3) 烟气温度热电偶的检查。

为确保烟气温度测量的准确性，每月至少应进行一次烟气温度热电偶的检查，有烟垢应除去，热电偶发生位移或变形的应校正到规定位置。

三、试样制备

1. 试样数目、规格及要求

每次实验以 4 个试样为一组。试样表面规格为$(1\ 000^{+0}_{-5})$ mm×(190^{+0}_{-5}) mm，每个试样均以材料实际使用厚度制作，材料实际使用厚度超过 80 mm 时，试样制作厚度应取(80±5)mm，其表面和内层材料应具有代表性。

均向性材料制作 3 组试样，对薄膜、纺织品及非均向性材料制作 4 组试样，其中每 2 组试样应分别从材料的纵向和横向取样制作。

对于非对称性材料，应从试样正、反两面各制作 2 组试样。若只需从一侧划分燃烧性能等级，可对该侧面制取 3 组试样。

2. 状态调节

在实验之前，试样必须在温度为(23±2)℃、相对湿度为(50±5)%的条件下调节至质量恒定。其判定条件为间隔 24 h，前后两次称量的质量变化率不大于 0.1%。如果通过称量不能确定是否达到平衡状态，在实验前应在上述温、湿度条件下存放 28 d。

四、实验内容与方法

(1) 实验在燃烧竖炉内进行。

(2) 将 4 个经状态调节已达到要求的试样垂直固定在试样支架上，组成垂直方形烟道，试样相对距离为(250±2)mm。

(3) 保持炉内压力为(－15±10)Pa。

(4) 试样放入燃烧室之前，应将燃烧竖炉内炉壁温度预热至 50 ℃。

(5) 将试样放入燃烧室内规定位置，关闭炉门。

(6) 当炉壁温度降至(40±5)℃时，在点燃燃烧器的同时，开启计时器，开始实验。实验过程中燃烧竖炉内应维持流量为(10±1)m^3/min、温度为(23±2)℃的空气流。燃烧器所用的燃气为甲烷和空气的混合气；甲烷流量为(35±0.5)L/min，其纯度大于95%；空气流量为(17.5±0.2)L/min。以上两种气体流量均按标准状态计算。

气体标准状态的计算公式：

$$\frac{p_0 V_0}{T_0}=\frac{p_1 V_1}{T_1} \tag{6-1}$$

式中 p_0——101 325 Pa；

V_0——甲烷 35 L/min，空气 17.5 L/min；

T_0——273 ℃；

p_1——环境大气压+燃气进入流量计的进口压力，Pa；

V_1——甲烷和空气的流量，L/min；

T_1——甲烷和空气的温度，℃。

实验中出现的现象应注意观察并做记录。

(7) 实验时间为10 min，当试样上的可见燃烧已结束或5支热电偶所测得的平均烟气温度最大值超过200 ℃时，实验用火焰可提前中断。

五、实验结果

1. 试样燃烧后剩余长度的判断

(1) 试样燃烧后剩余长度为试样既不在表面燃烧，也不在内部燃烧形成炭化部分的长度(明显变黑色为炭化)。

试样在实验中产生变色，被烟熏黑及外观结构发生弯曲、起皱、鼓泡、熔化、烧结、滴落、脱落等变化均不作为燃烧判断依据。如果滴落和脱落物在筛底继续燃烧20 s以上，应在实验报告中注明。

(2) 采用防火涂层保护的试样，如木材及木制品，其表面涂层的炭化可不考虑。在确定被保护材料的燃烧后剩余长度时，其保护层应除去。

2. 判定条件

(1) 按照上述三、四小节的规定程序，同时符合下列条件可认定为燃烧竖炉实验合格。

① 试样燃烧的剩余长度平均值应不小于150 mm，其中没有一个试样的燃烧剩余长度为零。

② 每组实验由5支热电偶所测得的平均烟气温度不超过200 ℃。

(2) 凡是燃烧竖炉实验合格，并能符合《建筑材料及制品燃烧性能分级》(GB 8624—2012)对可燃性实验、单体燃烧实验规定要求的材料可定为难燃性建筑材料。

六、分析讨论

(1) 建筑的耐火等级不同，是否选用的建筑材料也有差异？

(2) 难燃性建筑材料一般用于何种耐火等级的建筑？

七、实验报告

实验报告由实验指导教师根据实验项目提出具体要求，主要应包括：

(1) 实验目的。

(2) 实验仪器。

(3) 实验步骤(或方法)。

(4) 数据结果及分析。

(5) 分析讨论。

实验 6.3 建筑材料不燃性实验

一、实验目的

(1) 根据国家标准《建筑材料不燃性试验方法》(GB/T 5464—2010)进行建筑材料的不燃性实验，了解建筑材料不燃性的实验条件及过程。

(2) 选择不同建筑材料，进行燃烧性能实验，对比不同材料的燃烧性能差异，理解不同材料的不同燃烧性能。

二、实验仪器

国内将建筑材料划分为不燃材料(制品)的测试方法是《建筑材料不燃性试验方法》(GB/T 5464—2010)中规定的方法，该方法测试材料在(750±5)℃的垂直加热炉的燃烧行为。实验装置如图 6-11 和图 6-12 所示，主要包括加热炉、支架、气流罩、试样架、插入装置、热电偶等。

三、实验内容与方法

1. 实验步骤

(1) 每组制作 5 个圆柱体试样，体积(76±8)cm^3，直径(45^{0}_{-2})mm，高度(50±3)mm。在试样中心上部钻直径为 2 mm 的孔至高度的一半，放在温度为(60±5)℃的通风干燥箱内干燥 20～24 h，然后放入干燥皿内冷却至环境温度，称重。

(2) 对应连接计算机的连接线，将不燃性实验炉 3 支热电偶连接到控制箱背板接线座上。

(3) 接通仪器电源，打开控制箱电源开关。

(4) 启动程序，单击“开始”，在程序中单击“不燃性实验”，或在桌面上双击“不燃性”图标。

(5) 启动后，单击“下一步”进入实验资料输入界面。

(6) 在相应的栏中填好数据后，单击“下一步”使实验炉预热至 750 ℃(需 35 min 左右)。

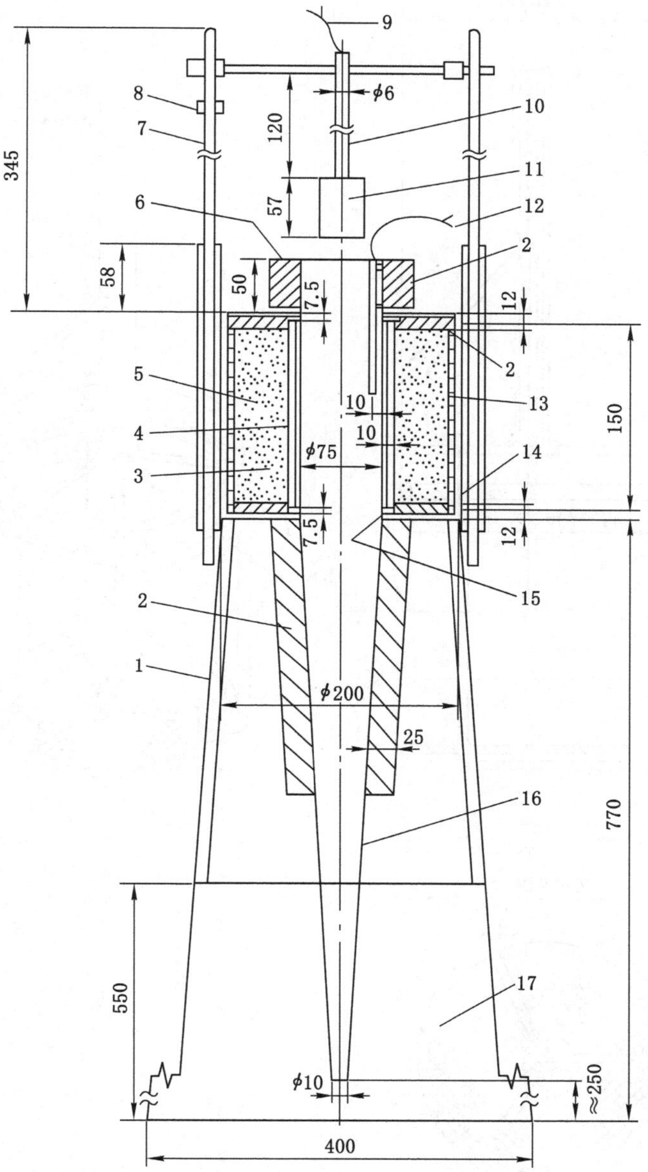

1—支架；2—矿棉隔热层；3—氧化镁粉；4—耐火管；5—加热电阻带；
6—气流罩；7—插入装置；8—定位块；9—试样热电偶；10—支撑件钢管；
11—试样架；12—炉内热电偶；13—外部隔热管；14—矿棉；15—密封件；
16—空气稳流器；17—气流屏（钢板）。

图 6-11 实验装置总图

(7) 待程序指示栏指示“可以进行实验”时，把试样放入实验炉内后立即单击“下一步”进行实验。在实验过程中点击屏幕下端“显示实验前 10 min 炉内温度曲线”，屏幕上即显示实验前 10 min 放大的温度曲线。注意观察实验现象，直至 3 支热电偶都达到最终温度平衡

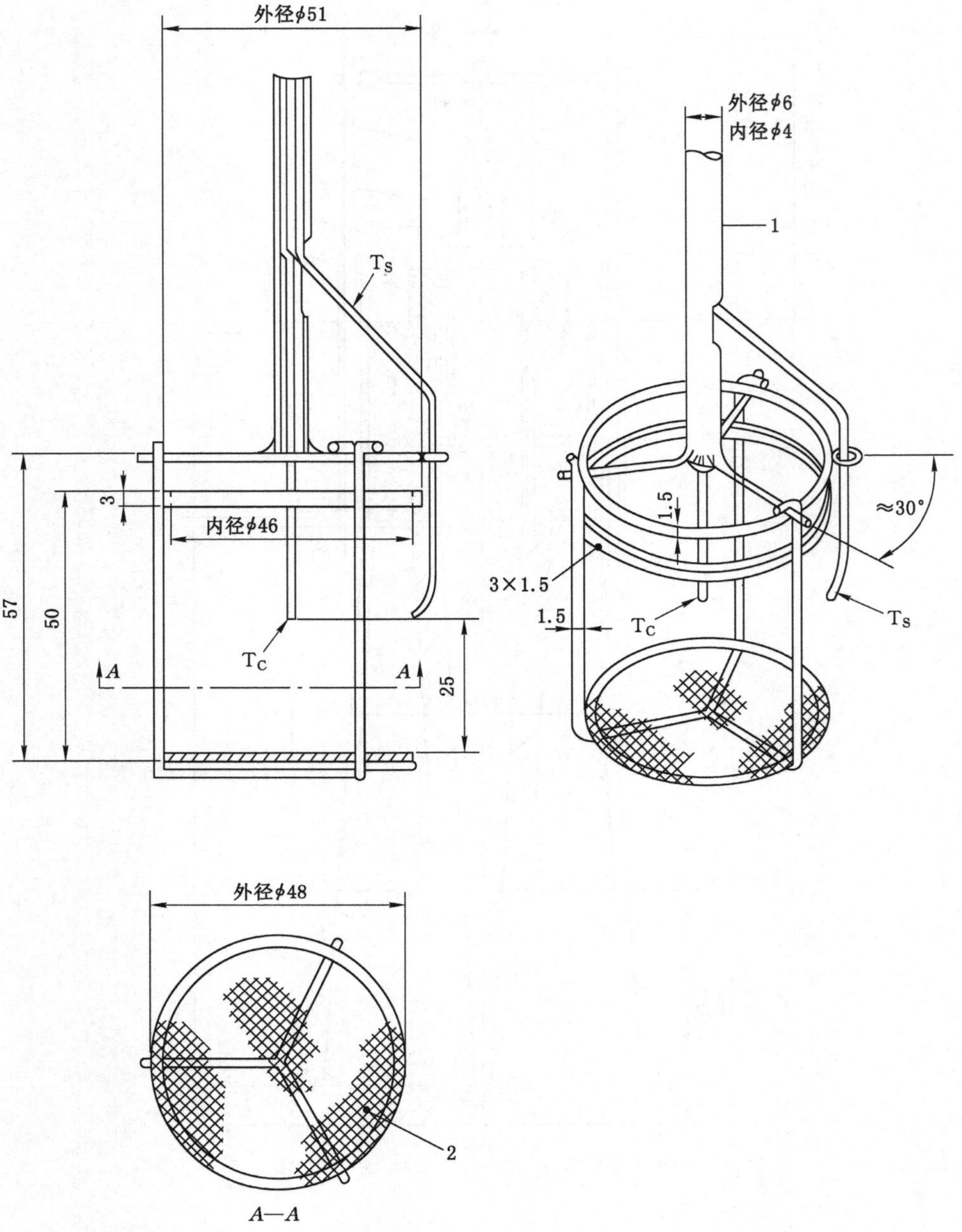

1—支承件钢管；2—网盘(网孔 0.9 mm、丝径 0.4 mm)；T_C—试样中心热电偶；

T_S—试样表面热电偶(对于 T_C 和 T_S 可任选使用)。

图 6-12　试样架

状态。如果程序未指示“可以进行实验”时单击“下一步”程序会警告实验结果可能不理想。

(8) 实验过程中观察现象：由热电偶测得的温度在 10 min 内变化不超过 2 ℃时，则认为达到了最终温度平衡状态；记录试样产生持续 5 s 或更长时间连续火焰的时间等。

(9) 实验结束后，程序自动进入实验数据填写状态，在实验时若要强行停止实验，单击

“下一步”可进入实验数据填写状态。

(10) 在数据填写状态时，单击“上一步”可以进入用户资料填写状态，再单击“上一步”回到数据填写状态，数据填写状态时，单击“下一步”继续实验直至5组试样全部做完，结束实验，打印实验结果。

(11) 收集实验时和实验后试样碎裂或掉落的所有炭化物、灰和其他残屑，同试样一起放在干燥皿中冷却至环境温度后，称量试样的残留质量。

2. 实验记录

(1) 对于每个按上述程序进行实验的试样，在实验前后分别记录其质量并做好实验期间与试样行为有关的各种观察记录。

(2) 记录持续火焰的出现及其持续时间。试样产生持续5 s或更长时间的连续火焰才应视作持续火焰。

(3) 取实验结束时的温度作为最终温度，以℃为单位，记录由相应热电偶测得的下述温度：

① 炉内初始温度 T_1。

② 炉内最高温度 T_m。

③ 炉内最终温度 T_f。

④ 试样中心最高温度 $T_c(max)$。

⑤ 试样中心最终温度 $T_c(final)$。

⑥ 试样表面最高温度 $T_s(max)$。

⑦ 试样表面最终温度 $T_s(final)$。

四、注意事项

(1) 不燃性实验炉应远离电气控制箱和计算机及其他易燃易爆物品。

(2) 操作人员应穿戴防护服、防护手套，以免被烧伤或烫伤。

(3) 工作间应有良好的自然通风，或配备排气风扇，以保证实验后立即排除有害气体，更换新鲜空气。

(4) 实验结束后，关闭电气控制箱上电源开关，使不燃性实验炉自然冷却。

(5) 大功率仪器必须考虑供电电源的带载能力，且仪器务必具有良好接地。

五、实验结果

实验结果表述如下。

1. 温升

(1) 以℃为单位，由下式计算每个试样的炉内温升和试样温升：

① 炉内温升 $\Delta T = T_m - T_f$。

② 试样中心温升 $\Delta T_c = T_c(max) - T_c(final)$。

③ 试样表面温升 $\Delta T_s = T_s(max) - T_s(final)$。

(2) 计算并记录5个试样的炉内温升、试样中心温升和试样表面温升的算术平均值。

2. 火焰

(1) 记录每个试样持续火焰持续时间的总和,以 s 为单位。

(2) 计算并记录 5 个试样持续火焰持续时间的算术平均值。

3. 质量损失

(1) 计算并记录每个试样的质量损失,以试样初始质量的百分数表示。

(2) 计算并记录 5 个试样质量损失的算术平均值。

六、分析讨论

(1) 实验前为什么要对试样进行干燥?

(2) 材料不燃性的判定指标是什么?

(3) 通过实验验证了哪些常见的建筑材料属于不燃材料?

(4) 材料难燃性实验和材料不燃性实验的相同点和不同点是什么?

七、实验报告

实验报告由实验指导教师根据实验项目提出具体要求,主要应包括:

(1) 实验目的。

(2) 实验仪器。

(3) 实验步骤(或方法)。

(4) 数据结果及分析。

(5) 分析讨论。

实验7

隧道火灾蔓延及烟气特征实验

目前,我国已成为隧道建设规模最大的国家之一。随着隧道数量和长度的不断增加,隧道内车流量也日益加大,从而导致隧道事故(如火灾)发生的频率也越来越大。隧道火灾属于地下建筑(隧道、地铁、地下停车场等)火灾的一种,而地下建筑火灾属于特殊建筑(高层建筑、地下建筑、古建筑、大空间建筑、商场等)火灾的一种。近年来,灾难性的隧道火灾时有发生。隧道火灾发生的概率虽不及普通建筑火灾,但发生后如得不到及时控制,也将带来严重的后果。

隧道火灾的特点主要表现在以下几个方面。

(1) 火灾规模大、蔓延迅速。隧道中最常见的可燃物就是车辆。2003 年,在挪威 Runehamar 隧道开展的全尺寸大型货车火灾实验表明,火源功率能在短短的 10 min 之内超过 100 MW。

由于隧道一般长度比较大,同时内部安装有大量通风、照明和监测系统,这些设施有可能成为火灾迅速蔓延的途径。隧道火灾中产生的高温不完全燃烧产物在扩散过程中一旦与空气相遇,将会发生剧烈燃烧,使火灾从一处蔓延到另一处。此外,车辆着火后如继续行驶,也会造成火灾范围的迅速扩大。

(2) 烟气温度高、毒性大。火灾过程中最主要的产物是烟气。ASTM(美国材料与试验协会)将烟气定义为某种物质在燃烧或分解时散发出的固态或液态悬浮微粒和高温气体。由于隧道的外围是岩石或者土壤,火灾发生后,烟气如不能及时排除,将导致热量积聚,隧道内部温度快速上升。同时,燃烧消耗了大量氧气,造成隧道内氧含量降低,燃料难以完全燃烧,从而生成大量有毒有害烟气(烟气中最常见的有毒气体是 CO)。

对于大部分建筑火灾来说,相对于火源燃烧及其产生的热量造成的危害而言,有毒烟气造成的危害更大。统计结果表明,建筑火灾中 85%的人员死亡都是人体吸入了有毒烟气导致的。

(3) 人员疏散和扑救困难。隧道是典型的受限空间,火灾发生后,隧道本身也是人员疏散的主要路径。隧道横截面小,疏散距离长,加上发生火灾时烟气对人员造成的身体伤害和心理刺激,行动混乱程度要比普通建筑火灾严重很多,增加了发生二次灾害的可能性,更易造成混乱拥挤,发生踩踏事故。

隧道出入口少，且有可能距离起火点较远，使得火灾扑救路线单一。隧道内空间狭窄，导致救援面窄，大型救援设备难以进入。扑救路线与烟气流动、人员疏散方向冲突，增大了救援难度。隧道中车型多变，起火源与车载物品不确定，决定了隧道火灾的多样性和不确定性。隧道越长、交通量越大，发生火灾的概率越大，火灾扑救和预防的难度也越大。火灾中产生的高温有毒烟气浓度高，使得隧道内能见度低，救援人员无法迅速确定并接近起火点。

隧道火灾不仅会造成重大的人员伤亡、车辆损毁、隧道结构和隧道内辅助设施严重损坏等直接损失，也会中断通信和能源的供给，造成大量的间接损失。因此，开展隧道火灾蔓延及烟气特征实验非常必要，能够为隧道火灾风险评估和消防设计提供参考。

一、实验目的

(1) 学习使用热敏式风速计测量风速、使用数码摄像机获取火焰形态特征。

(2) 理解火蔓延速率的原理及测量方法。

(3) 学习使用热电偶、红外热像仪，熟悉测温原理和测量方法，理解温度分布的规律。

二、实验原理

1. 隧道近火源区域的羽流特征

当隧道内发生火灾时，火源将加热其上方的空气使其温度升高、密度降低，被加热的空气在浮力的作用下将向上运动并不断卷吸周围的新鲜空气，形成火羽流(图 7-1)。火羽流上升到一定的高度，将撞击顶棚，然后转为向四周径向蔓延；径向流扩散到一定阶段后，将受到隧道侧壁的限制而最终转变为沿隧道方向的纵向一维运动。

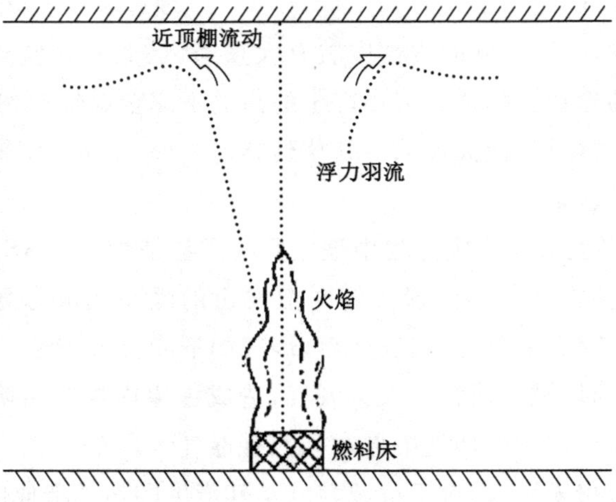

图 7-1　火羽流特征

2. 固体可燃物火蔓延

材料的加热和点燃是其燃烧和火蔓延的前奏，加热后的质量损失速率、材料表面变化与其内部的温度变化、点燃时间等和外部热流及材料本身性质有关，其中点燃时间与火蔓延速率密切相关。本实验点燃模型是建立在加热模型基础上的。

固体表面火蔓延行为是热量传输、气固相传输、固相热解和气相化学反应等过程共同作用的结果，其中热量传输和气相化学反应是影响火蔓延的两个关键因素。

3. 隧道火灾烟气温度分布规律

隧道内火灾烟气的分布可分为羽流撞击区、下游烟气层、上游烟气逆流以及紧贴隧道拱顶下方的顶棚射流，如图 7-2 所示。隧道火灾烟气温度沿隧道的衰减规律：隧道作为一种狭长的空间结构，区别于常规建筑火灾发展的显著特点之一是其温度在沿隧道方向上将发生很大的衰减，火灾烟气的流动从本质上来讲是一种浮力驱动下的流动，而温差则是这种浮力驱动的源动力。

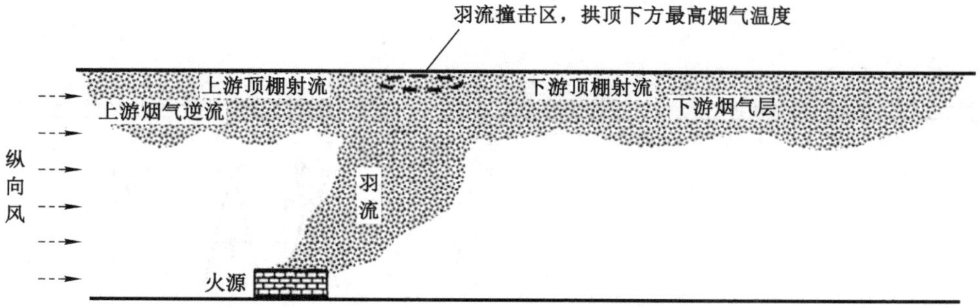

图 7-2　隧道内火灾烟气分布

三、实验系统

实验采用自主搭建的实验平台进行火灾模拟实验，实验平台实物图见图 7-3，实验平台主体为直流式低速风洞，变频风机可调节风速范围为 0～10 m/s，气流通过整流段后均匀稳定地进入实验段，实验段尺寸为 6.2 m×1.0 m×1.0 m（长×宽×高），截面为正方形，通过安装耐高温玻璃留出 3 个用于观察和拍摄的玻璃窗口，窗口尺寸为 90 cm×65 cm（长×宽）。对比某实际场所的电力舱，将实验平台的相似比例确定为 1∶3。

图 7-3　实验平台实物图

风洞材质选用冷轧板，用膨胀螺丝连接和固定，耐高温玻璃为耐温 1 000 ℃的 A 级防火玻璃，并用岩棉保温板和双层防火板将其内部进行隔热处理。

实验拟开展火羽流特征、火蔓延速率及烟气温度分布规律研究，根据研究内容布置所需的仪器设备。搭建的实验系统如图 7-4 所示。

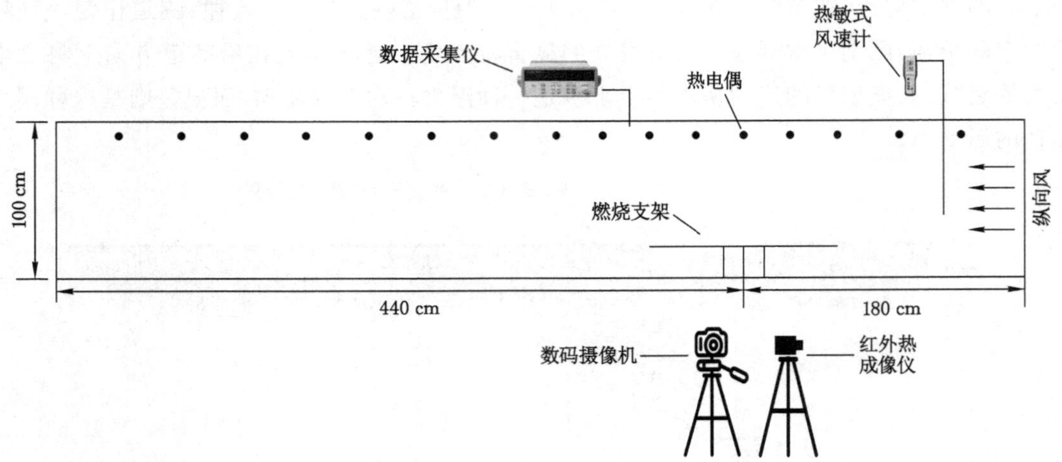

图 7-4　实验系统示意图

采用数码摄像机采集实验过程中燃烧行为动态影像，通过火焰的形态特征分析火焰行为。火焰的形态特征一般包含高度、面积、倾斜角度等，结合视频处理软件将动态影像进行处理，可获取火焰形态特征参数。采用红外热成像仪非接触式测温，通过红外辐射信息输出视频热图像，得出燃烧过程的温度场分布图，也可用于记录热解区域。根据图像处理法确定火焰前锋(或热解前锋)的位置，即可得出火蔓延的距离，根据火蔓延距离和时间的关系可得出火蔓延的速度。采用包含热电偶和温度数据采集仪的温度采集系统，选用 K 型热电偶用于测量温度，热电偶与温度数据采集仪连接，保存记录温度数据。使用热敏式风速计测量风速，在线监测采集气体速度数据。试样燃烧支架材质为不锈钢方管，尺寸为 1.20 m×0.50 m×0.24 m(长×宽×高)，用夹板固定试样，夹板上面留有刻度标识便于调节间距。

四、实验内容

1. 实验准备

实验将测量空间内烟气的温度分布，在顶棚下方布置 K 型热电偶(图 7-5)。纵向布置：布置 16 个热电偶在顶棚下方 5 cm 处，靠近火源区域的热电偶间距为 30 cm，远离火源区域的热电偶间距为 40 cm，用于测量纵向温度分布情况。竖向布置：在火源区域附近的 Y1、Y2、Y3 位置处，即火源下游 160 cm 处、火源下游 60 cm 处、火源上游 60 cm 处，分别布置 3 个竖向的热电偶，用于测量竖向温度分布情况。热电偶的具体布置详见图 7-6。

2. 实验步骤

(1) 调试测量仪器。连接数据采集器、计算机，调试各测量仪器确保功能正常。将红外热成像仪置于三脚架上，放置在适当位置，连接电源线和网线，用喷火枪作为试点，调整红外

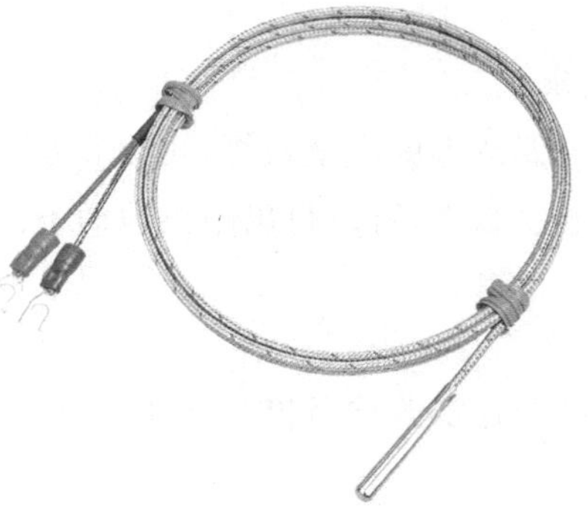

图 7-5　K 型热电偶

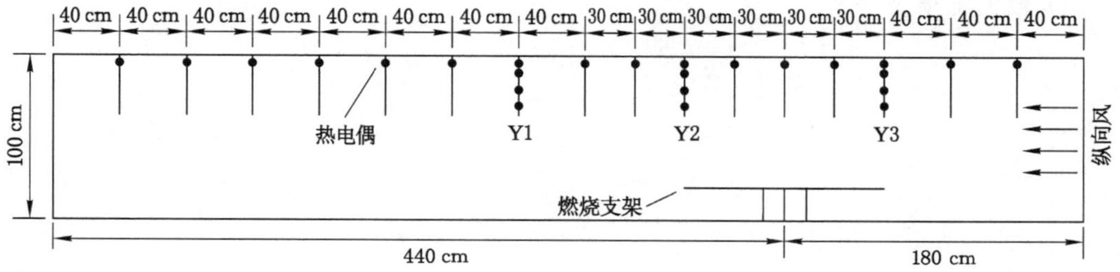

图 7-6　温度测量设备布置示意图

热成像仪焦距。

(2) 布置试样。选取 4 根长为 1.2 m 的 YZ-2 芯电缆，每根电缆之间的间距设置为 1.5 cm。试样选用 YZ-2 芯电缆，该电缆为橡胶绝缘铜芯，从外到内分别为外护套(氯丁橡胶)、填充物(亚麻绳)、绝缘层(聚氯乙烯)、金属线芯(铜)，直径为 8.5 mm。

(3) 开启风机电源，调节风速。分别在风速 0.35 m/s、0.45 m/s、0.55 m/s、0.65 m/s 情况下进行实验。

(4) 点火前启动图像采集系统和计算机数据采集系统；点火，实验过程中确保火源处于可控范围之内，确保实验安全。

(5) 记录实验过程数据，观察实验现象。

(6) 待实验结束后，关闭各测量仪器，关闭风机，保存数据。

五、实验结果

1. 近火源区域的羽流特征

火羽流倾角为火羽流的中线与竖直方向的夹角。通过实验，对比不同风速下的火焰形态特征的区别。

2. 火蔓延速率

火蔓延速率是判断固体可燃物火蔓延危险程度的重要参数。根据图像处理法确定火焰前锋(热解前锋)的位置，即可得出火蔓延的距离，再根据火蔓延距离和时间的关系可得出火蔓延的速度。

3. 火灾烟气温度分布规律

根据顶棚纵向布置的热电偶测得的温度数据，可以得出顶棚温度的纵向分布情况。根据竖向布置的热电偶测得的温度数据，可以得出距离地面不同高度处的温度分布。

五、实验报告

实验报告由实验指导教师根据实验项目提出具体要求，一般包括：

(1) 实验目的。

(2) 实验仪器。

(3) 实验步骤(或方法)。

(4) 数据结果及分析。

实验 8

细水雾灭火系统实验

细水雾灭火系统的应用研究始于 20 世纪 50 年代中期，之后发展一直较为缓慢。到 1987 年《关于消耗臭氧层物质的蒙特利尔议定书》签署之后，世界范围内积极展开寻求哈龙替代品的开发研究工作，例如水喷淋、CO_2、惰性气体及泡沫等灭火技术的开发研究。细水雾灭火技术不会损耗臭氧层或者产生温室效应，不会造成环境污染。另外它灭火迅速，耗水量低，对防护对象破坏性小，对于防治高技术领域和重大工业危险源的特殊火灾，如计算机房火灾，航空与航天飞行器舱内火灾以及现代大型企业的电器火灾等，具有广阔的应用前景、很好的经济效益和社会效益。细水雾灭火技术自 20 世纪 90 年代起得到了飞跃性的发展，目前已经被看作是卤代烷灭火剂的主要替代品。

细水雾是指在最小设计工作压力下，经喷头喷出并在喷头轴线下方 1.0 m 处的平面上形成的直径 $D_{v0.50}$ 小于 200 μm，$D_{v0.99}$ 小于 400 μm 的水雾滴。细水雾按水雾中水微粒的大小分为 3 级，如图 8-1 所示。Ⅰ级细水雾为 $D_{v0.1} \leqslant 100$ μm 与 $D_{v0.9} \leqslant 200$ μm 连线的左侧部分，Ⅱ级细水雾为 $D_{v0.1} \leqslant 200$ μm 与 $D_{v0.9} \leqslant 400$ μm 连线的左侧部分且不属于Ⅰ级的水雾，Ⅲ级细水雾为 $D_{v0.1} > 400$ μm 与 $D_{v0.9} \leqslant 1000$ μm 之间的部分。（$D_{v\alpha}$ 表示累计体积占比为 α 时的雾滴平均直径）

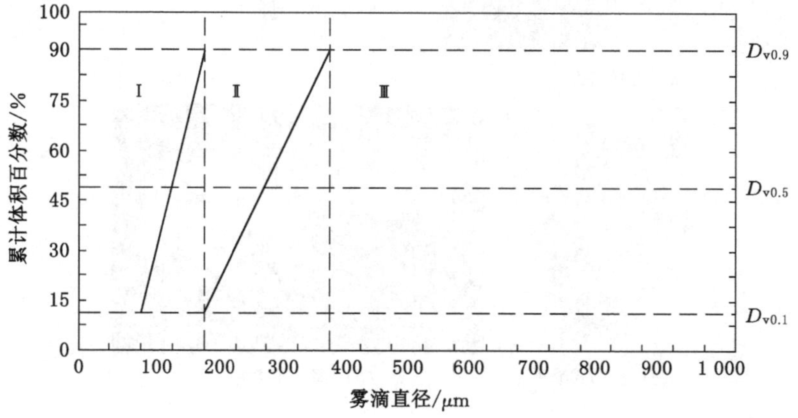

图 8-1　细水雾等级划分示意图

一、实验目的

(1) 了解喷雾压力不同,对雾滴直径分布、灭火效果的影响。
(2) 了解燃料类型及火灾尺度对细水雾灭火效果的影响。
(3) 了解障碍物、喷头与火源相对位置对细水雾灭火效果的影响。

二、实验原理

1. 细水雾的成雾原理

单流体细水雾系统成雾原理主要有以下几种:

① 液体以很高的速度被释放出来,由于液体与周围空气的速度差而被撕碎成为细水雾。

② 液体射流被冲击到一个固定的表面,表面的冲击力将液体打散成细水雾。

③ 两股成分类似的液体射流相互碰撞,将液体射流打散成细水雾。

④ 超声波和静电雾化器将液体射流振动或电子粉碎成细水雾。

⑤ 液体在压力容器中被加热到高于沸点,突然被释放到大气压力状态形成细水雾。

双流体异管细水雾系统成雾原理:由一套管道向喷头提供灭火介质,另外一套管道提供雾化介质,两种在分离管道系统中传输的物质在喷头处混合,相互碰撞,从而产生细水雾。

双流体同管细水雾系统成雾原理:雾化介质与灭火介质在一套管道内混合,其成雾原理同单流体细水雾系统。

细水雾喷头是由一个或多个微型孔口或喷嘴构成,在额定压力下可以产生细水雾的消防专用喷头,如图 8-2 所示。

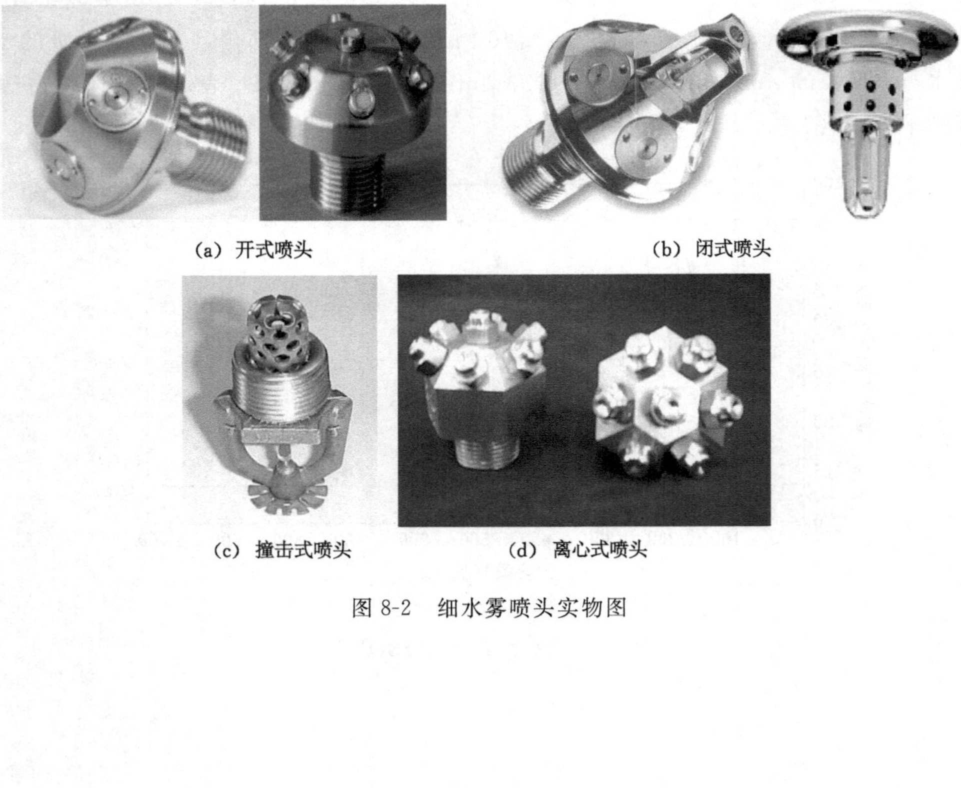

(a) 开式喷头　　(b) 闭式喷头

(c) 撞击式喷头　　(d) 离心式喷头

图 8-2　细水雾喷头实物图

2. 细水雾的灭火机理

(1) 吸热冷却。

细水雾在受热后易于汽化，在液、气相态变化过程中从燃烧物质表面或火灾区域吸收大量的热量。物质表面温度迅速下降后，热分解中断，燃烧随即终止。表8-1列出了雾滴直径、每升水的表面积、汽化时间及自由下落速度之间的关系，从表中可以看出，雾滴直径越小，表面积就越大，汽化所需要的时间也越短，吸热作用和效率就越高。对于相同的水量，细水雾雾滴所形成的表面积至少比传统水喷淋喷头(包括水喷雾喷头)所喷出水滴的表面积大100倍，因此细水雾灭火系统的冷却作用是非常明显的。

表8-1 雾滴直径、表面积、汽化时间和自由下落速度的关系

雾滴直径/mm	每升水的表面积/m^2	汽化时间/s	自由下落速度/$(m\cdot s^{-1})$
10.0	0.6	620	9.2
1.0	6.0	6.2	4.0
0.1	60.0	0.062	0.35
0.01	600.0	0.000 62	0.003

(2) 隔氧窒息。

水汽化形成的水蒸气为惰性气体，且体积膨胀约1 700倍，可最大限度地隔绝火场的空气，使燃烧物质周围的氧含量降低，燃烧即会因缺氧而受抑制或中断。系统启动后形成水蒸气完全覆盖整个着火面的时间越短，窒息作用越明显。

(3) 辐射热阻隔。

细水雾被喷入火场后，形成的水蒸气迅速将燃烧物、火焰和烟气羽流笼罩，对火焰的辐射热具有极佳的阻隔能力，能够有效抑制辐射热引燃周围其他物品，达到防止火焰蔓延的效果。

(4) 浸湿作用。

颗粒大、冲量大的雾滴会冲击到燃烧物表面，从而使燃烧物被浸湿，阻止固体进一步挥发可燃气体。另外系统还可以充分将着火位置以外的燃烧物浸湿，从而抑制火灾的蔓延和发展。

3. 细水雾灭火系统构成

细水雾灭火系统由加压供水设备(泵组见图8-3、瓶组见图8-4)、系统管网、分区控制阀组、细水雾喷头和火灾自动报警及联动控制系统等组成。为了防止细水雾喷头堵塞，影响灭火效果，系统还设有过滤器。为了便于系统正常使用、检修维护，系统还设有泄水阀；闭式系统还设有排气阀和试水阀；开式系统还设有泄放实验阀。

三、实验仪器

本实验主要设备如下：

(1) 细水雾灭火系统，包括高压氮气瓶、减压阀、压力表、储水装置、供水管路、阀门、细

图 8-3　泵组式细水雾灭火装置

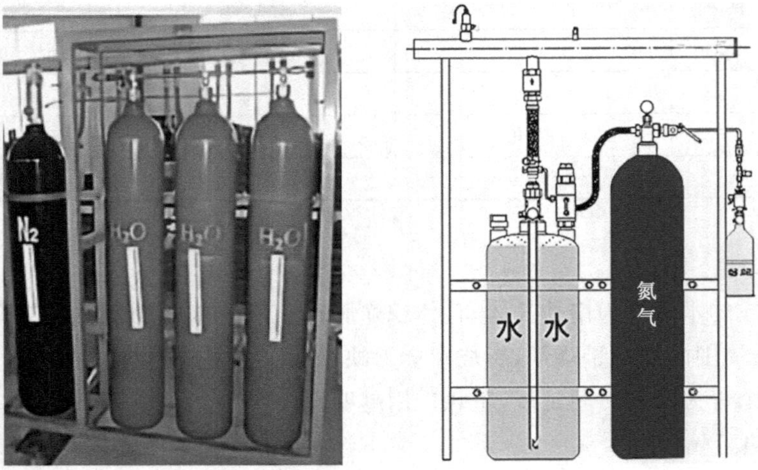

图 8-4　瓶组式细水雾灭火装置

水雾喷头。

(2) 热电偶、数据采集卡、信号传输装置、计算机。

(3) 油盘、液体燃料、三角支架、点火设备。

(4) 排烟风机、自然通风窗口。

(5) 激光多普勒粒径分布测定仪。

实验系统如图 8-5 所示，系统通过高压氮气瓶给供水设备加压供水，利用单流体雾化喷头产生细水雾，通过调节氮气瓶阀门可以实现不同的喷雾工作压力。利用激光多普勒粒径分布测定仪，测量不同工作压力下雾滴的直径分布。

实验是在受限空间内进行，在受限空间有一个自然通风窗口和机械排烟窗口。实验采用油盘中的液体燃料火作为被灭火对象。液体燃料可以为酒精、汽油、煤油或柴油等。油盘试样放置在三脚支架上，可以水平移动，以模拟室内不同的火源位置；离地的距离也可以方便地调节，以实现喷头与试样间不同的相对高度。在油盘火焰正上方和喷头之间，每隔一定间距布置一个热电偶，由数据采集卡采集热电偶的测量数据输入到计算机进行处理，以此来分析细水雾施加前后火焰温度分布及变化情况。另外一个观测灭火效果的方法是通过数字

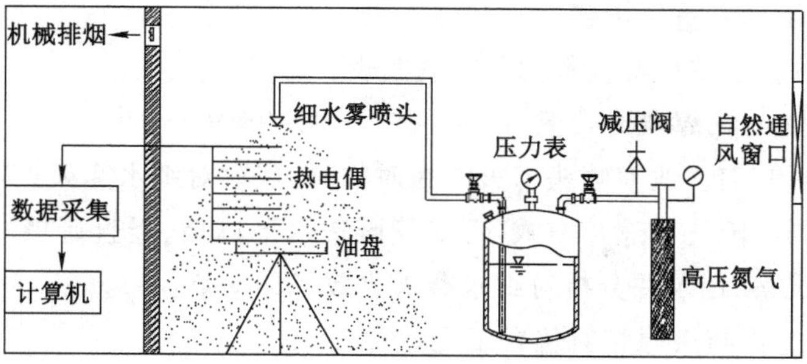

图 8-5 细水雾实验系统

摄像机对火灾发展进行实时拍摄，用来记录不同时刻火灾发展状况和细水雾的灭火效果。

四、实验内容与方法

本实验需进行以下 3 个工况的实验，分别研究不同变量对细水雾灭火效果及性能参数的影响。

1. 喷雾压力

本实验工况利用激光多普勒粒径分布测定仪，测量未灭火时，细水雾系统雾滴的直径分布。分析压力改变对雾滴直径分布的影响，直径分布可采用几个主要的特性参数或者直径与累积体积百分数的关系曲线来进行分析。记录不同压力条件下的雾滴直径分布。

在用细水雾进行灭火实验时，首先点燃油盘火，经过 20 s 左右的预燃时间，油盘火达到稳定燃烧阶段后，开始施加细水雾。当火焰熄灭后，关闭供水阀，打开排烟通道排烟，清理实验环境，进行下一个工况的实验。在实验中如果灭火所需时间超过 120 s，记录为灭火失败。最后对采集到的实验数据进行处理分析。

对同一种液体燃料燃烧改变喷头工作压力，进行对比实验。通过分析数字摄像机拍摄的火灾录像、现场观测以及用热电偶采集的温度场的数据，分析不同压力时，灭火效果的差异并分析原因。有条件的话还可以对比研究普通水与添加氯化亚铁溶液（浓度为 0.83%）时，灭火效果的变化。

2. 燃料类型及火灾尺度

研究使用不同沸点和闪点的燃料，如酒精、汽油、煤油或柴油时，细水雾的灭火效果。

当改变油盆大小时，意味着火灾尺度发生了变化，观察并分析不同火灾尺度，细水雾的灭火效果。利用摄像机拍摄的火灾录像，以及采集到的火焰温度分布及变化情况，综合燃烧学的知识，分析燃料不同，以及火灾尺度不同，细水雾灭火效果的差异（描述灭火过程；整理温度场数据，画出图表），并分析原因。具体操作步骤如下：

（1）调试激光多普勒粒径分布测定仪、热电偶装置、摄像机等设备。

（2）选用一种燃料，记录其燃烧特性并充满油盆。

（3）点燃油盘火，启动细水雾灭火系统并开启实验室排烟系统。

（4）记录实验数据并完全灭火。

（5）改变油盆大小重新燃烧、灭火并记录实验数据。

(6) 更换其他燃料并重复步骤(2)～(5)。

(7) 记录实验过程，整理实验数据并绘制图表。

3. 障碍物、喷头与火源相对位置

设计几种不同的工况，改变喷头与火源相对位置，观察对细水雾灭火效果的影响并总结规律；设计几种不同的障碍物遮挡方式(例如障碍物水平遮挡、竖直遮挡)，并改变障碍物与喷头的相对位置，观察、记录并分析对细水雾灭火效果的影响。

(1) 设计不同喷头与火源相对位置工况。

(2) 点燃油盘火，启动细水雾灭火系统灭火并开启实验室排烟系统。

(3) 观察、记录实验过程并分析实验数据。

(4) 设计不同障碍物遮挡方式工况并重复实验步骤(2)和(3)。

(5) 整理实验仪器和实验室环境，将燃烧废料妥善处理。

五、实验结果

(1) 观察并记录不同喷雾压力对细水雾雾滴直径分布、灭火效果的影响。

(2) 观察并记录燃料类型及火灾尺度对细水雾灭火效果的影响。

(3) 观察并记录障碍物、喷头与火源相对位置对细水雾灭火效果的影响。

六、分析讨论

(1) 分析在一些火灾场景下，导致细水雾施加初期火焰强化的主要原因。火焰强化现象在实际设计中应该注意哪些问题?

(2) 通常为了增加油盘的使用寿命，常在油盘中加入一定量的水，分析其对燃烧强化及细水雾灭火有效性的影响。

(3) 分析障碍物对细水雾灭火效果影响的目的是什么?

七、实验报告

实验报告由实验指导教师根据实验项目提出具体要求，主要应包括：

(1) 实验目的。

(2) 实验仪器。

(3) 实验步骤(或方法)。

(4) 数据结果及分析。

(5) 分析讨论。

实验9
TG-DSC同步热分析实验

热分析技术是研究物质在加热或冷却过程中发生某些物理变化和化学变化的技术。常用的热分析方法有：差示扫描量热法（DSC）、差示热分析法（DTA）和热重分析法（TGA）。近年来，热分析技术得到了迅猛发展，出现了多种新型测量仪器和方法，如动力机械热分析法（DMTA）、热机械分析法（TMA）、声呐热分析法、发散热分析法等。联用技术的大量开发和使用更加推动了热分析技术的蓬勃发展。热分析所研究的物质由金属、矿物陶瓷材料等常规物体逐步扩展到高聚物、药物、络合物、液晶和生物高分子、空间技术等。除此之外，在消防工程中，可以通过热分析对可燃物以及耐火材料的热稳定性、燃烧特性进行研究，为今后进行防灭火提供支持，而且还能够为耐火材料的设计、制造、加工、研发提供科学依据。

一、实验目的

本实验选用德国耐驰公司的同步热分析仪 STA 449F3，对样品进行 TG-DSC 同步热分析测量。

（1）了解几种热分析方法的基本原理。

（2）掌握同步热分析仪的基本构造、原理及操作方法。

（3）学习使用热分析方法并能准确地分析物质的热稳定性、燃烧特性。

二、实验原理

1. 热分析方法介绍

差示扫描量热法（differential scanning calorimetry，DSC）是使样品处于一定的温度程序（升/降/恒温）控制下，观察样品端和参比端的热流功率差随温度或时间的变化过程，以此获取样品在温度程序过程中的吸热、放热、比热容变化等相关热效应信息，计算热效应的吸/放热量与特征温度（起始点、峰值、终止点等）。DSC 方法广泛应用于医药、食品、生物有机体、金属材料与复合材料等各类领域，可以研究材料的熔融与结晶过程、相转变、氧化稳定性、反应温度与反应热量等，测定物质的比热容、纯度，研究混合物各组分的相容性，计算结晶度、反应动力学参数等。

热重分析法（thermogravimetry analysis，TG 或 TGA）是使样品处于一定的温度程序

(升/降/恒温)控制下,观察样品的质量随温度或时间的变化过程,获取失重比例、失重温度(起始点、峰值、终止点等)以及分解残留量等相关信息。TG 方法广泛应用于塑料、橡胶、涂料、药品、催化剂等的研究开发、工艺优化与质量监控,可以测定材料在不同吹口气体下的热稳定性与氧化稳定性,可对分解、吸附、解吸附、氧化、还原等过程进行分析,包括利用测试结果进一步作表观反应动力学研究,还可以对物质进行成分的定量计算,测定水分、挥发分及各种添加剂与填充剂的含量。

同步热分析法(simultaneous thermal analysis,STA)将 TG 方法与 DSC 方法(或其前身 DTA 方法)结合为一体,在同一次测量中利用同一样品可同步得到质量变化与吸/放热相关信息,得到 TG-DSC 同步热分析曲线。

2. 同步热分析曲线

典型的 TG-DSC 同步热分析图谱见图 9-1。图中在 DSC 曲线上共有三个吸热峰,其中两个相邻的大吸热峰与 DTG 曲线上的两个峰(或 TG 曲线上的两个失重台阶)有很好的对应关系,这主要是由样品的两步分解所引起的;小吸热峰则在 TG 与 DTG 曲线上找不到任何对应关系,这主要是由样品的相变所引起的。

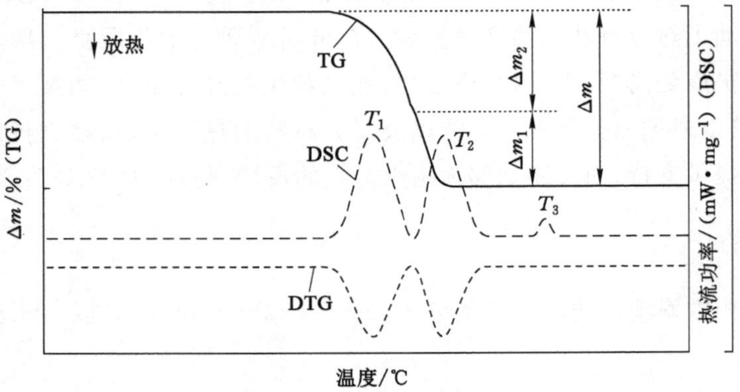

图 9-1 典型的 TG-DSC 同步热分析图谱

具体来看:

DSC 曲线(图 9-2):曲线纵坐标为热流功率,单位 mW/mg。其近似水平处称为基线,基线上的峰代表了各吸/放热效应(向下为放热峰,向上为吸热峰),可对其特征温度(包括起始点、峰值、终止点等)进行标注,通过计算峰面积的方式可获取反应热焓。典型的吸热效应有熔融、分解、解吸附等,典型的放热效应有结晶、氧化、固化等。另有一些热效应不表现为吸/放热峰,而表现为基线的拐折(比热容的变化),典型的如玻璃化转变及一些二级相变等。

TG 曲线(图 9-3):常见的曲线纵坐标为质量变化百分比 Δm,一般从 100%(原始质量)开始,对于失重过程最多到 0%(完全失重)结束。在其上可标注失重比例,以及失重台阶的起始温度(外推起始点)、结束温度(外推终止点)等相关信息。

DTG 曲线:TG 曲线对时间的一阶微分,代表了失重速率的变化过程,单位%/min。DTG 曲线峰的峰值温度代表了相应失重台阶速率最大的温度点,经常用于表征失重温度。其起始点、终止点也可用于表征失重的起始和结束温度。对于失重过程的同步热分析,

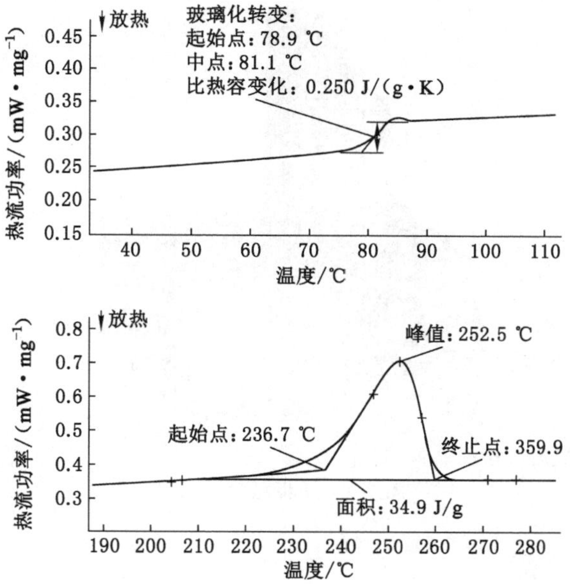

图 9-2 DSC 曲线

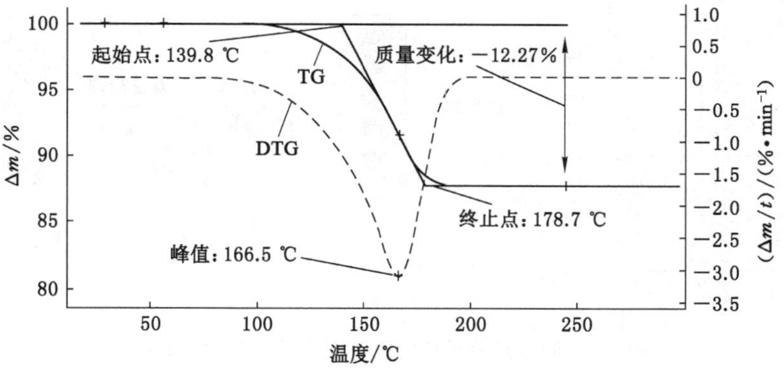

图 9-3 TG 曲线

DTG 与 DSC 曲线经常有很好的对应性。

三、实验仪器

实验仪器选用德国耐驰公司的同步热分析仪 STA 449F3(图 9-4)，测量部分基本结构示意图如图 9-5 所示。样品坩埚与参比坩埚(一般为空坩埚)置于同一导热良好的传感器盘上，两者之间的热交换满足傅里叶热传导方程。使用控温炉按照一定的温度程序进行加热，通过定量标定，可将升温过程中两侧热电偶实时量到的温度信号差转换为热流信号差，对时间/温度连续作图后即得到 DSC 曲线。同时整个传感器(样品支架)插在高精度的天平上。参比端无重量变化，样品本身在升温过程中的重量变化由热天平进行实时测量，对时间/温度连续作图后即得到 TG 曲线。

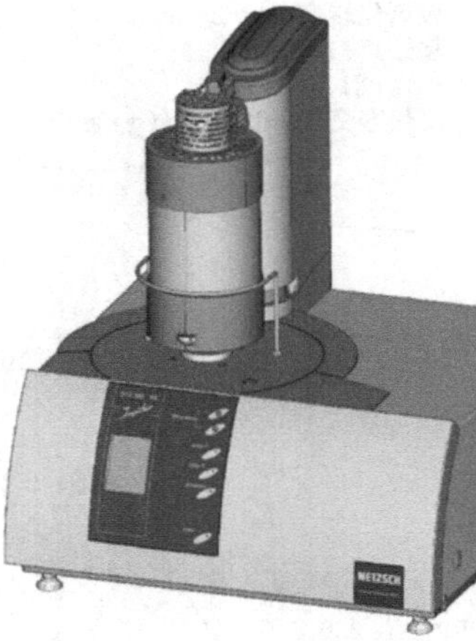

图 9-4 同步热分析仪

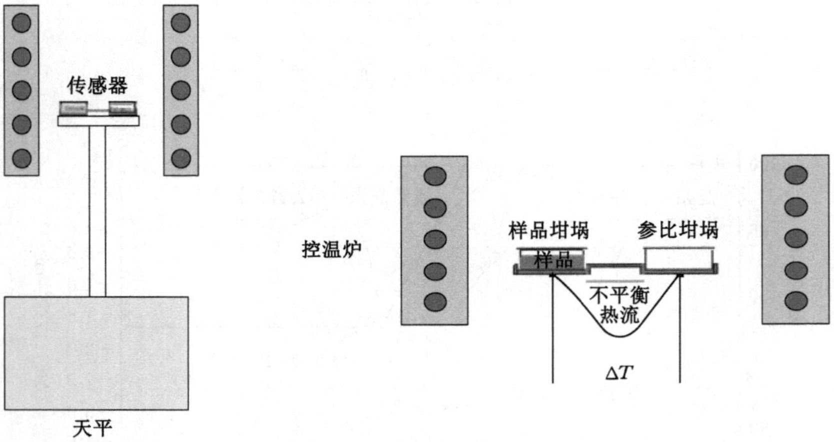

图 9-5 同步热分析仪的测量部分基本结构示意图

相比单独的 TG、DSC 测试，这一联用技术具有如下显著优点。

（1）通过一次测量，即可获取质量变化与热效应两种信息，不仅方便、节省时间，同时由于只需要更少的样品，对于很昂贵或难以制取的样品非常有利。

（2）消除了称重量、样品均匀性、升温速率一致性、压力与流量差异等因素影响，TG 曲线与 DTA/DSC 曲线对应性更佳。

（3）根据某一热效应是否对应质量变化，有助于判别该热效应所对应的物化过程（如区分熔融、结晶、相变、分解、氧化等）。

（4）实时跟踪样品质量随时间/温度的变化，在计算热焓时可以样品的当前实际质量（而非测量前原始质量）为依据，有利于相变热、反应热等的准确计算。

现代的同步热分析仪结构较为复杂，除了基本的传感器、加热炉体与高精度天平外，还有电子控制部分、软件，以及一系列的辅助设备。图 9-6 所示为同步热分析仪 STA 449F3 的结构示意图。

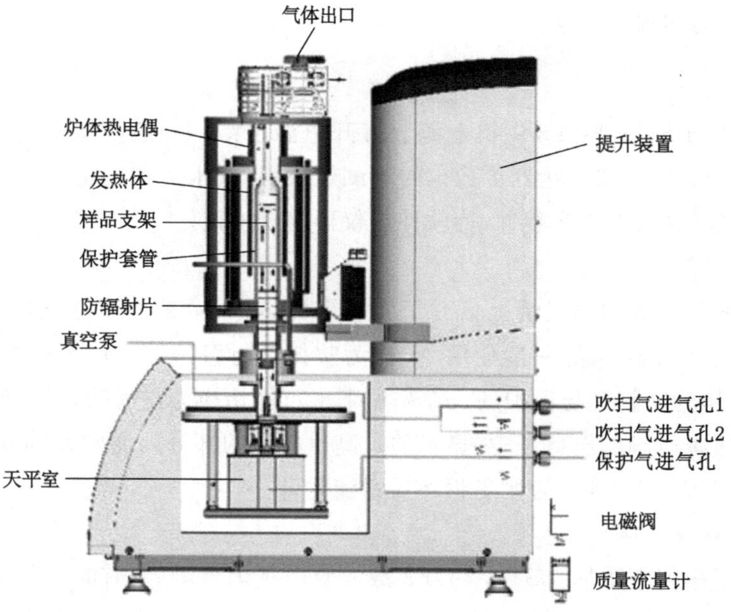

图 9-6 同步热分析仪 STA 449F3 的结构示意图

由图 9-6 可以看到保护气和吹扫气进气孔，其中保护气通常使用惰性的 N_2 或 Ar，经天平室、支架连接区而通入炉体，可以使天平处于稳定而干燥的工作环境，防止潮湿水汽、热空气对流以及样品分解污染物对天平造成影响。仪器允许同时连接两种不同类型的吹扫气，并根据需要在测量过程中自动切换或相互混合。常见的接法是其中一路连接 N_2 或 Ar 作为惰性吹扫气体，应用于常规吹扫；另一路连接空气，作为氧化性气体使用。在气体控制附件方面，可以配备传统的转子流量计、电磁阀，也可配备精度与自动化程度更高的质量流量计。

气体出口位于仪器顶部，可以将载气与气态产物排放到大气中，也可使用加热的传输管线进一步连接 FTIR(傅里叶变换红外光谱分析)、QMS(四极质谱分析)、GC-MS(气相色谱-质谱分析)等系统，将气态产物输送到这些仪器中进行成分检测。仪器的装样结构与自然流畅的气路设计，使得载气流量小、气态产物浓度高、信号滞后小，非常有利于与这些系统相连用，进行逸出气体成分的有效分析。

仪器配备有恒温水浴，将炉体与天平两个部分相隔离，可以有效防止炉体处于高温时热量传导到天平模块。再加上由下而上持续吹扫的保护气体防止了热空气对流造成的热量传递，以及样品支架周围的防辐射片隔离了高温环境下的热辐射因素，种种措施充分保证了高精度天平处于稳定的温度环境，不受高温区的干扰，确保了热量和质量信号的稳定性。

同步热分析仪 STA 449F3 为真空密闭结构，可以外接真空泵，一方面可以进行抽真空与气体置换操作，能够有效保证惰性气体的纯净性。另一方面还可在真空下进行测试，且真空段与气体段可混合编程、自动切换。

加热炉体由发热体、保护套管与炉体热电偶构成。由提升装置，进行炉体的升降操作。

四、实验内容与操作方法

1. 开机

打开计算机与 STA 449F3 主机电源。打开恒温水浴。一般在水浴与热天平打开 2～3 h 后,可以开始测试。如需达到更稳定的测试效果,建议水浴与主机提前一晚开机。打开 STA 449F3 测量软件,等待几秒钟,待软件与仪器建立连接。

2. 气体与液氮

确认测量所使用的吹扫气情况。对于无机陶瓷类样品,常使用空气作为吹扫气,N_2作为保护气。对于金属类样品,一般使用 Ar 作为吹扫气与保护气。对于有机高分子类样品,则一般使用 N_2作为吹扫气与保护气。在高温下也可能切换为空气吹扫气,例如计算炭黑含量等。气体钢瓶减压阀的出口压力(显示的是高出气压的部分),通常调到 0.05 MPa 左右,最高不能超出气压 0.1 MPa,否则易损坏质量流量计。

3. 样品制备与装样

准备一个干净的空坩埚。STA 449F3 最常使用氧化铝坩埚,有时也使用铂坩埚。坩埚加盖与否视样品测试的需要而定,对于大部分的 TG-DSC 联用测试,坩埚一般加盖。根据样品的不同形态,对样品进行适当的制备,如使用美工刀从块状样品上切下小片,便于放入坩埚中,等等。

样品的称重可使用精度 0.01 mg 以上的外部天平,或以 STA 449F3 本身作为称重天平(精度更高)。若使用外部天平称重,则先将空坩埚放在天平上称重,去皮(清零),随后将样品加入坩埚中,称取样品重量。再将装有样品的坩埚放到仪器样品位上,并在参比位放上一个空坩埚(坩埚材质、加盖情况与样品坩埚同),作为参比。随后按按钮关闭炉体。仪器操作示范如图 9-7 所示。

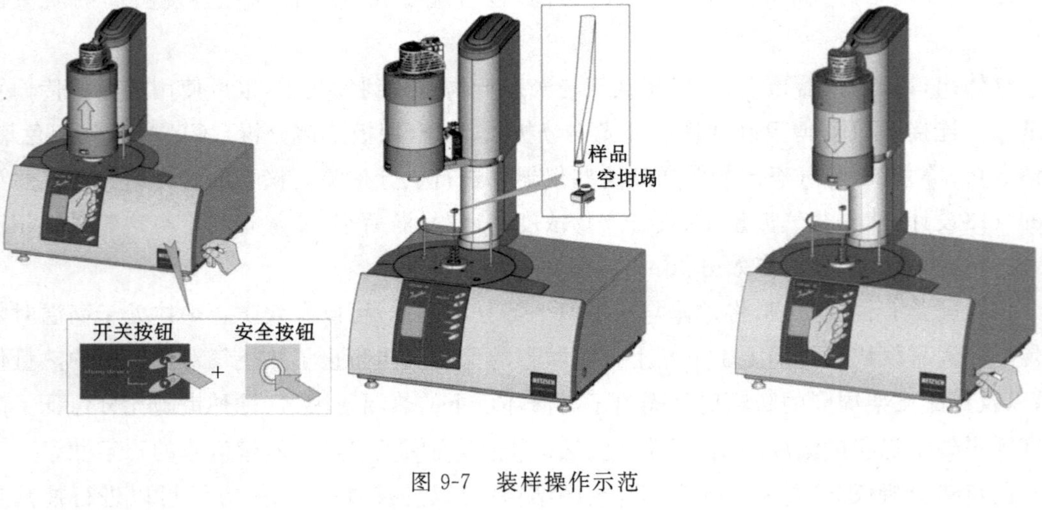

图 9-7 装样操作示范

4. 新建测量

STA 方法是 TG 方法与 DSC 方法的结合体。由于 TG 类仪器浮力效应(在升温过程中由于载气密度与吹扫力的变化而引起的质量信号漂移)的客观存在，一般需进行基线扣除。同时 DSC 信号客观上也存在基线漂移，往往也需进行基线扣除。因此，常见的做法是，根据样品所需的测试条件(升温速率、气体类型、坩埚类型)，事先准备相应的基线文件。然后在测试样品时，打开该基线，在基线基础上进行测试，这样测完的数据当载入分析软件中时，会自动对基线进行扣除。

点击测量软件菜单项“文件”—“打开”，打开合适的基线文件，测量软件界面如图 9-8 所示。

图 9-8　测量软件界面

随后弹出“测量设定”对话框。在“测量类型”中选择“修正＋样品”模式，如图 9-9 所示。

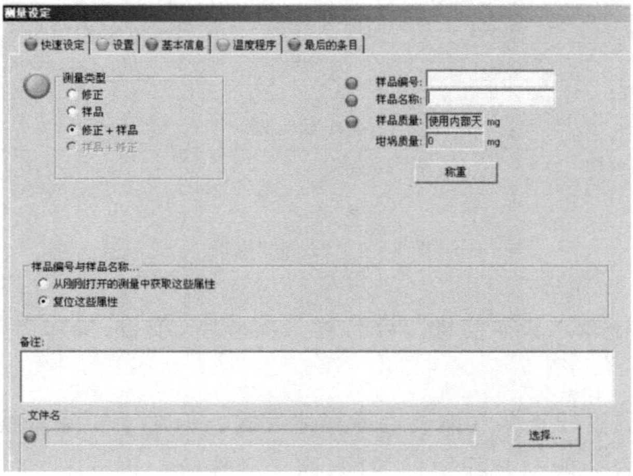

图 9-9　“测量设定”界面

5. 快速设定

在“快速设定”界面(图 9-10)中,可输入样品名称与样品编号。若使用外部天平称重,则将称取的样品质量输入“样品质量”框中。若使用内部天平称重,则点击“样品质量”下侧的“称重”,如图 9-11 所示。

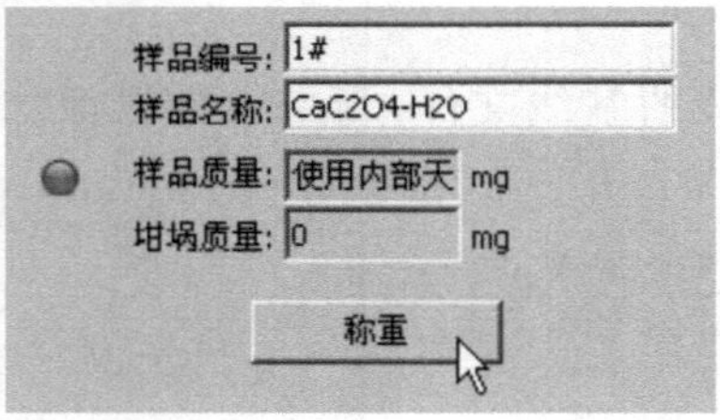

图 9-10 “快速设定”界面

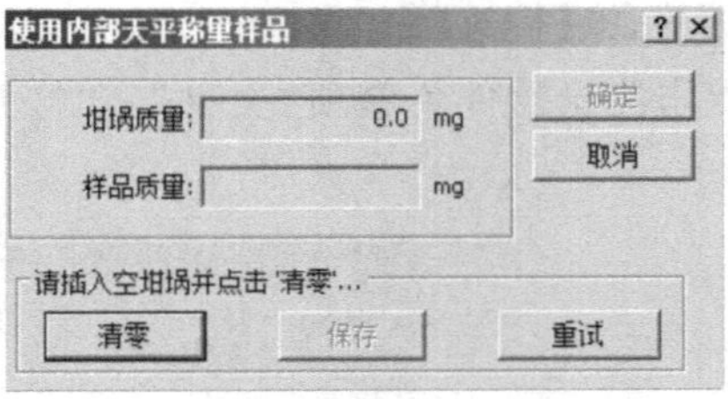

图 9-11 质量设定界面

先插入空坩埚,关闭炉体,等待质量信号稳定,随后点击“清零”,再打开炉体,将坩埚取出,装样,再放入,关闭炉体,待质量信号稳定后点击“保存”—“确定”,软件会自动读取质量信号填入“样品质量”一栏中。

随后点击“文件名”右侧的“选择”,设定存盘路径与文件名。

6. 确认其他设置(基本信息、温度程序)

完成“快速设定”界面的设置后,点击“下一步”,进入“设置”界面,确认仪器的相关硬件设置,如图 9-12 所示。

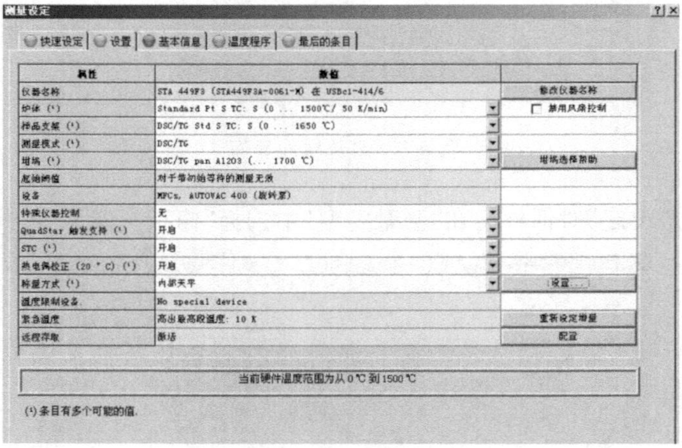

图 9-12 “设置”界面

再点击“下一步”进入“基本信息”界面,输入实验室、项目、操作者等其他相关信息,如图 9-13所示。

此界面中还有“温度校正”、气体类型等其他设置。但对于扣除基线的“修正+样品”模式测量而言,这些设置一般与基线文件相同,而无须修改。再点击“下一步”,进入“温度程序”界面,如图 9-14 所示。

温度程序确认或调整之后,点击“下一步”,进入“最后的条目”界面,在此界面中确认存

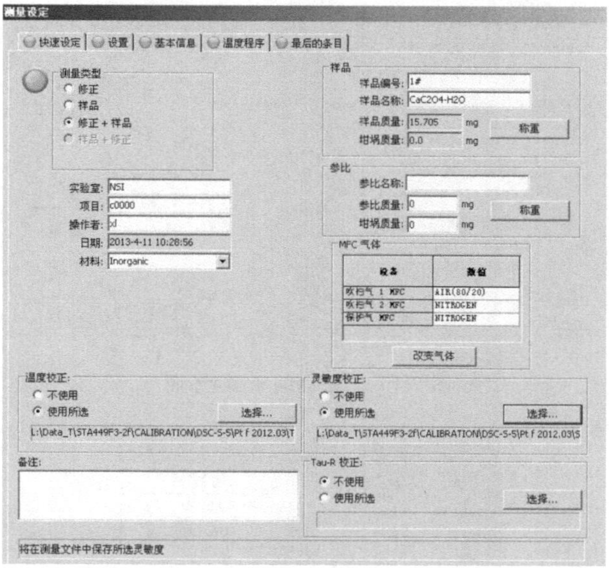

图 9-13 “基本信息”界面

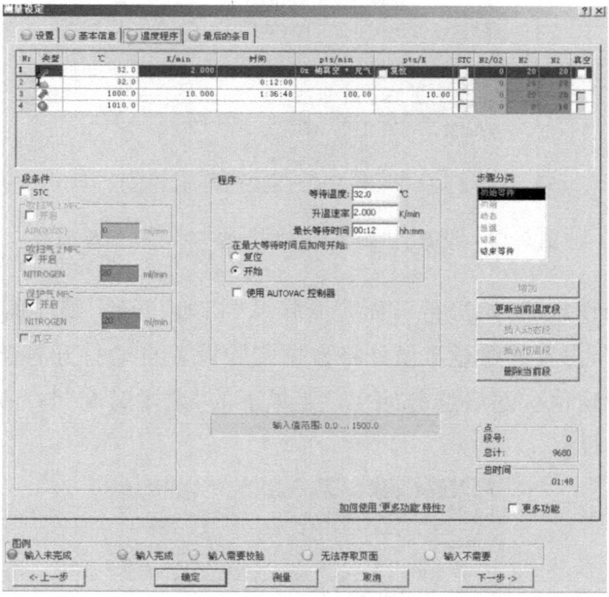

图 9-14 “温度程序”界面

盘文件名，如图 9-15 所示。

最后点击下方“测量”。

7. 开始测量

对于设定了“初始等待”的测试，“调整”对话框的界面如图 9-16 所示。此时直接点击“开始等待到”即可。仪器会按照程序设定自动打开气体并调节到设定流量（在配置质量流量计的情况下），自动升温到等待温度进入等待状态。等待完成后，自动进入测试。

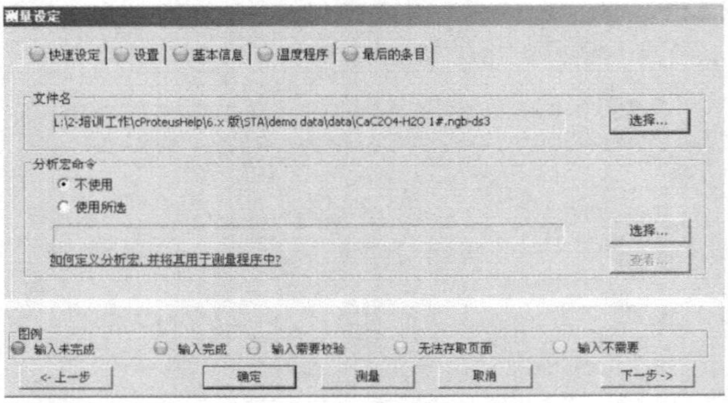

图 9-15 “最后的条目”界面

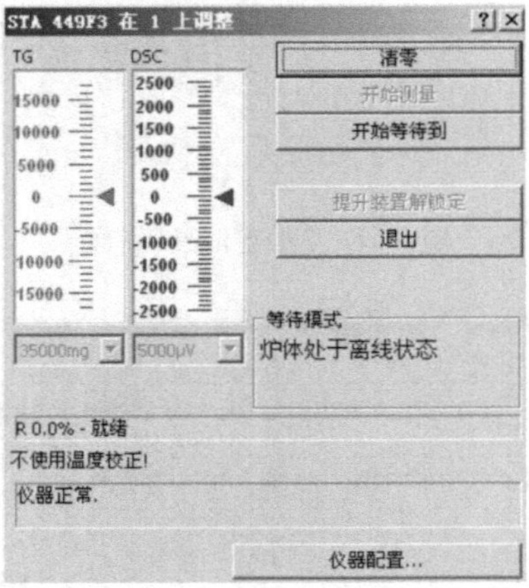

图 9-16 设置“初始等待”时“调整”对话框的界面

若程序温度中未设定“初始等待”，而是直接从“初始”开始，则界面如图 9-17 所示。点击“初始化气体开关”，内置的质量流量计将根据实验设置自动打开各路气体并将其流量调整到“初始”界面的设定值。随后点击“诊断”菜单下的“炉体温度”与“查看信号”，弹出相应的显示框，如图 9-18 所示。

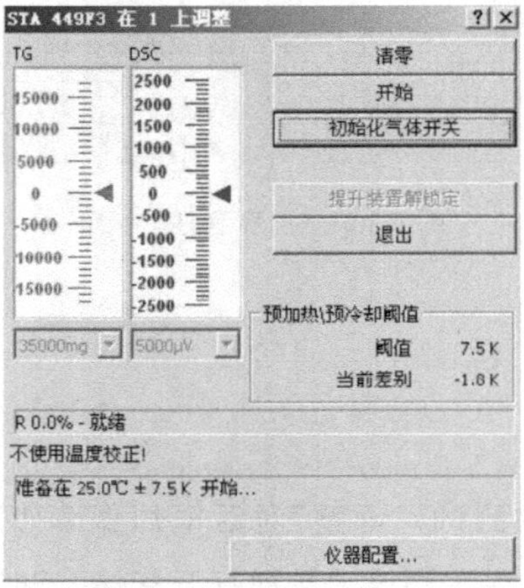

图 9-17 未设置“初始等待”时“调整”对话框的界面

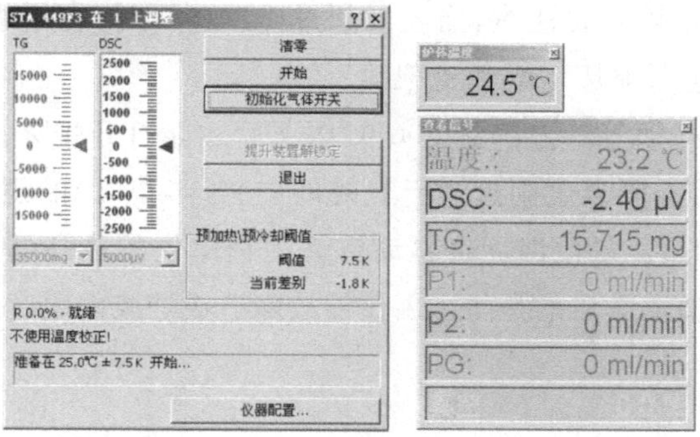

图 9-18　初始条件设定界面

观察仪器状态满足如下条件，即可点击“开始”进入测量：

(1) 炉体温度、样品温度相近而稳定，且与设定起始温度基本吻合。

(2) 气体流量稳定。

(3) TG 信号稳定基本无漂移。

(4) DSC 信号稳定。

8. 测量运行

如果需要在测试过程中将当前曲线(已完成的部分)调入分析软件中进行分析，可点击“附加功能”菜单下的“运行实时分析”。如果需要提前终止测试，可点击“测量”菜单下的“终止测量”。

9. 测量完成

待炉体温度降至 300 ℃以下后，按动按钮升起炉体，移开炉体，取出样品。再按动按钮合上炉体。

五、注意事项

(1) 防止样品的分解产物污染传感器。样品分解量很大(分解超过 50%)时，特别是油类样品，应该减少样品量，适当加大吹扫气及保护气流量，将分解物带走。

(2) 定期清理炉腔出气口，用无水酒精清洗去除垢物，防止堵塞。

(3) 支架杆为氧化铝材料，拿放时一定小心，防止跌落而损坏。

(4) 样品质量一般为 5～25 mg，常规选 10 mg 左右。热效应大或分解量大的样品可以减少样品量，热效应不明显或分解量较少的样品可适当增加样品量。用尽可能少的样品量做出较好实验效果。

(5) 保持样品坩埚的清洁，应使用镊子夹取，避免用手触摸。

(6) 不宜测量有腐蚀性气体产生的样品(会损坏传感器)。

(7) 每次降下炉子时要注意观察支架位置是否位于炉腔口中央，防止碰到支架盘而压断支架杆。

(8) 推荐使用的升温速率为 10 ℃/min 到 30 ℃/min，最高温度超过 1 200 ℃时建议升温速率不超过 20 ℃/min 且不小于 5 ℃/min。

(9) 使用支架架设坩埚时要注意，当温度超过 1 200 ℃时，在坩埚和支架间必须加氧化铝垫片，防止铂金属粘连而损坏坩埚和支架盘。

(10) 实验完成后，必须等炉温降到 200 ℃以下后才能打开炉体。

(11) 应避免在仪器极限温度附近进行长时间(超过半小时)的恒温。

(12) 测试程序中的紧急复位温度将自动定义为程序中的最高温度＋10 ℃，也可根据测试需要重新设置该温度值。其目的是防止因仪器故障造成炉腔内温度过高而出现事故。

六、实验结果

根据实验所得数据绘制得到综合热分析曲线，分析数据随温度变化情况，如图 9-19 所示。

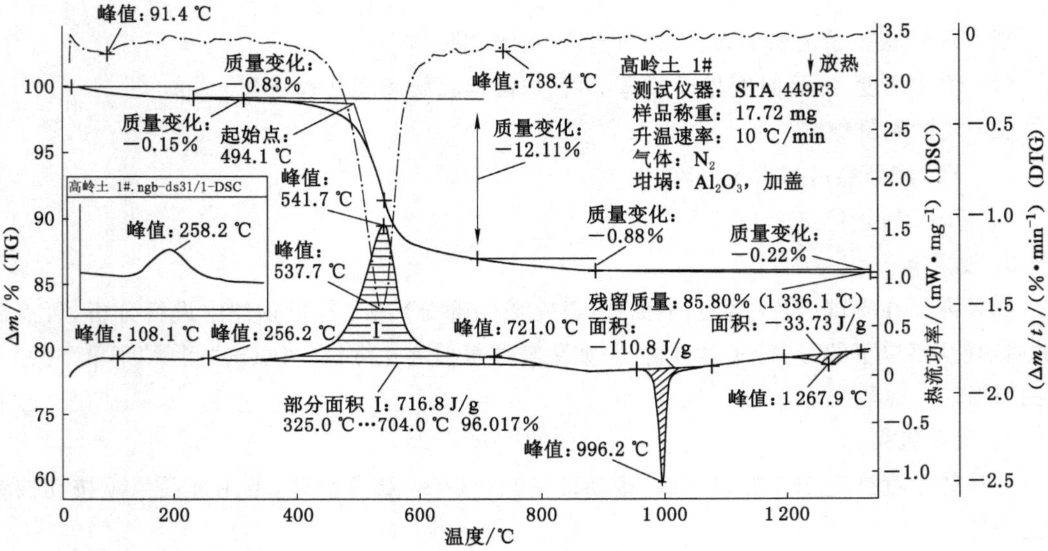

图 9-19 典型物质综合热分析曲线

七、分析讨论

(1) 实验结果的影响因素有哪些？

(2) 在实验中可采取哪些措施来提高测量准确度？

(3) 讨论热分析技术在消防领域发挥的作用。

八、实验报告

实验报告由实验指导教师根据实验项目提出具体要求，主要应包括：

(1) 实验目的。

(2) 实验仪器。

(3) 实验步骤(或方法)。

(4) 数据结果及分析。

(5) 分析讨论。

实验 10

哈特曼粉尘爆炸实验

在工业生产中相较可燃气体爆炸，粉尘爆炸更容易引起二次爆炸或多次连环爆炸，释放出大量热量，形成高温和高压，具有更强的破坏力，爆炸同时会产生有害气体，会造成大量的人员伤亡和财产损失。影响粉尘爆炸的因素主要包括粉尘类别、浓度、粒径、外部点火能、着火温度、爆炸压力等，其中粉尘的最小点火能是指可燃粉尘处于最容易着火的浓度时，刚好能点燃粉尘引起爆炸的最小能量，也被称为最小着火能量，其可以从能量的角度反映粉尘点燃的敏感程度，适用于评价机械火花、静电放电等非热表面点燃源的危险性。本实验依据国家标准《粉尘云最小着火能量测定方法》(GB/T 16428—1996)，测试粉尘是否具有燃烧及爆炸特性，评价粉尘云的潜在爆炸危险性。

一、实验目的

(1) 了解可燃粉尘的爆炸机理、特点及防护措施。

(2) 掌握哈特曼实验仪器的基本构造、原理及操作方法。

(3) 学习使用哈特曼实验仪器测定可燃粉尘的最小点火能。

二、实验原理

哈特曼管点火能量测试仪，用来测试可燃粉尘的燃烧性能，主要关注于可燃粉尘的最小点火能，原理是将可燃粉尘放在竖立的哈特曼管底部，底部接有可控气流的伞状吹风口，哈特曼管上端敞口或弱封闭，哈特曼管腰身两侧连接点火电极，通过控制点火电压、电极间距和电容等条件产生不同能量的电火花点火，电火花能量达到某一数值某些粉尘就会被点燃，最小点火能越低则粉尘燃爆风险越高。

1. 电火花能量的计算

实验用粉尘应在常温、常压下，均匀地喷入悬浮于实验装置内，并用电容电火花点火。电容电火花的能量值用式(10-1)计算：

$$E = 0.5CU^2 \tag{10-1}$$

式中 E——电火花能量，J；

C——电容器电容，F；

U——电容器电压，V。

当电火花能量大于 100 mJ 时，可采用式(10-2)计算：

$$E = \int I(t)U(t)\mathrm{d}t \quad (10\text{-}2)$$

式中 $I(t)$——放电时实际测得的电火花电流，A；

$U(t)$——放电时实际测得的电火花电压，V。

2. 粉尘云最小点火能的测定

首先在给定的粉尘浓度条件下，用一个能可靠点燃粉尘云的能量值的电火花开始，然后改变粉尘浓度、着火延迟时间和喷尘压力，并通过调节电容器电容和(或)电容器上充电电压，逐次减半降低火花能量值，直到连续 20 次实验均未出现着火为止。

粉尘云最小点火能 E_{min} 介于 E_1(连续 20 次实验均未出现着火的最大能量值)和 E_2(连续 20 次实验均出现着火的最小能量值)之间，即：

$$E_1 < E_{min} < E_2$$

粉尘的最小点火能是利用已知能量的电容器放电来测定的，以放电火花击穿哈特曼管中的粉尘云，在开口的实验管内，火焰离开火花位置传播至少 60 mm，则认为着火。确定最小点火能的方法是依次降低火花能量，粉尘的最小点火能介于未发火的最大能量与发火的最小能量之间。必须注意，在最小点火能测试中应确定一组最佳参数，以使粉尘浓度、粉尘粒度、喷粉压力与电火花产生之间的延迟时间有一个合理的匹配关系。最小点火能与粉尘浓度有很大的关系，本实验通过改变玉米淀粉的质量浓度来测定玉米淀粉最小点火能所处范围。

三、实验仪器

实验装置实物图及哈特曼管结构图如图 10-1 所示，哈特曼管的容积为 1.2 L，装置上部为石英玻璃管，便于观察粉尘的着火情况。扩散器为伞状，用以扩散粉尘。

该装置包括哈特曼管、点火电极、哈特曼管座(盛粉室)、粉尘分散喷头、喷粉阀、操作触摸屏等。2 个电极固定座钻有小孔，电极可以移动。其中一电极与推杆相连。该推杆受双作用气动活塞控制，通过绝缘件与电极相连。高压电极与电容器相连，放电回路中串联一个电感，当高压发生器从电容器电路中断后，由电磁阀控制储气罐释放压缩空气，使粉尘扩散形成粉尘云，延迟 45 ms 后，将高压电极推到规定位置，使电容器放电产生电火花。

四、实验内容与操作方法

分别称取 300 mg、600 mg、900 mg 的待测粉尘，进行点火能量 30 mJ、60 mJ、90 mJ 条件下的实验。

(1) 待测粉体样品准备。实验中所用样品为普通玉米淀粉，玉米淀粉过 200 目(小于 75 μm)筛，实验前，在 75 ℃的温度下干燥 48 h，然后放入干燥皿作为待测样品。

(2) 实验前准备。用天平称取待测粉尘，取下哈特曼爆炸实验仪器上的哈特曼管，正立放置于实验台上，将称取样品倾倒于粉尘扩散器上，并均匀地分散在粉尘扩散器的周围，安装哈特曼管并紧固。

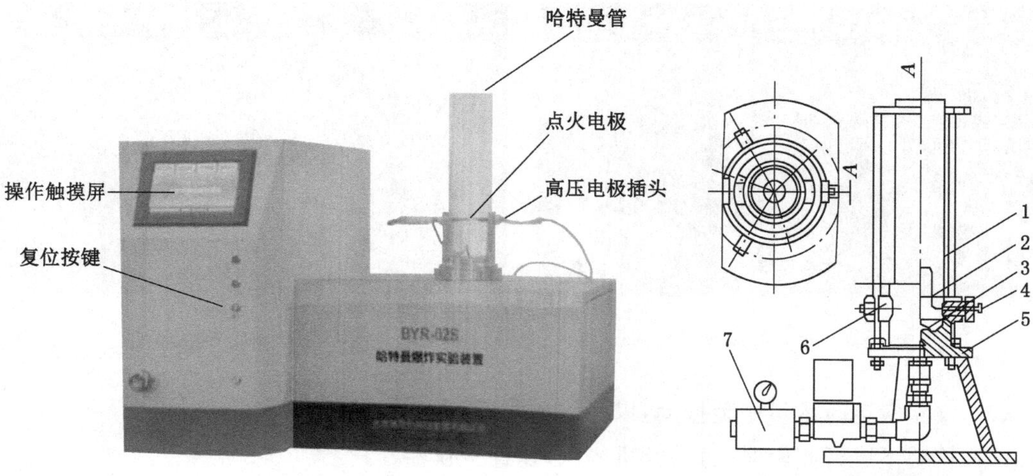

(a) 实验装置实物图　　(b) 哈特曼管结构图

1—石英玻璃管；2—点火电极；3—粉尘扩散器；4—洞套；5—底座；6—点火电极插头座；7—储气罐。

图 10-1 哈特曼爆炸实验装置实物图及哈特曼管结构图

(3) 打开仪器电源开关，进入启动界面，如图 10-2 所示。

(4) 点击“启动实验”，进入实验参数设定界面(图 10-3)，调整喷尘压力到预设值 0.8 MPa，点火延迟时间根据实验粉尘的质量和粒径来调节，确保点火电极针在放电时有粉尘，点击“确定”后进入下一界面，如图 10-4 所示。

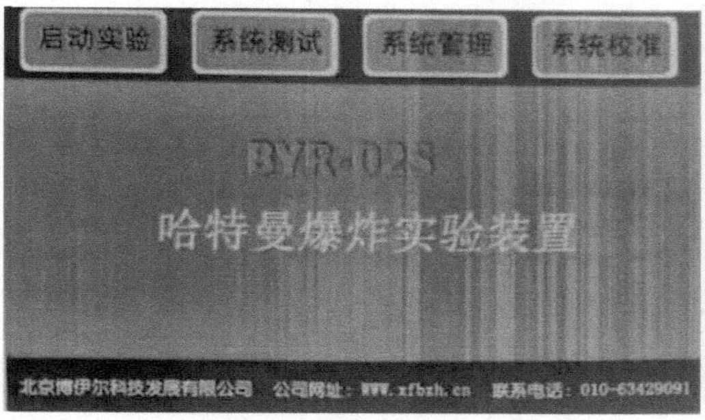

图 10-2 仪器启动界面

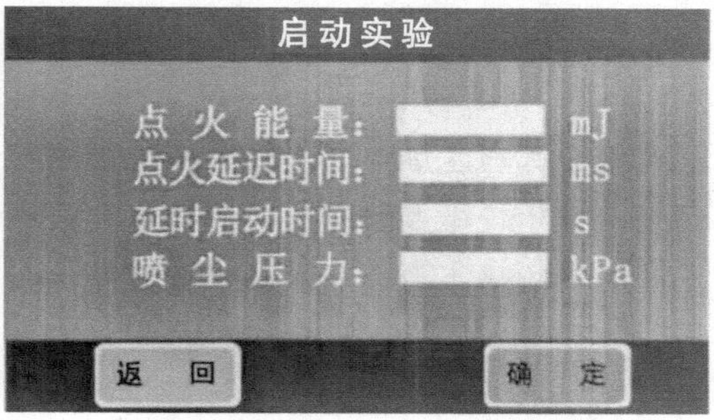

图 10-3 参数设置界面

(5) 进入动态显示储气罐压力界面，倒计时结束后自动点火，观察并记录实验现象。实验完成后(图 10-5)，清理哈特曼管底部，为下组实验做准备。

五、注意事项

(1) 实验过程中不要近距离观察哈特曼管。

(2) 禁止在仪器周围放置易燃易爆物品。

(3) 仪器上方顶棚不要使用易燃材料；如顶棚为胶合板这类易燃材料，应做好防护措施再进行实验。

(4) 建议开机后稳定 3 min 再进行实验。

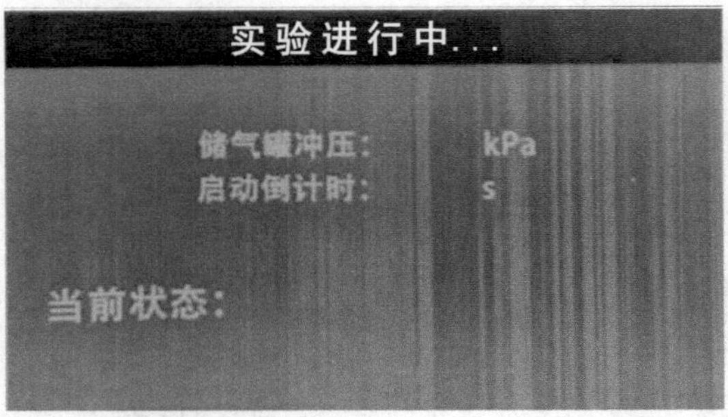

图 10-4 实验开始界面

图 10-5 实验完成界面

(5) 仪器搬运时尽量避免振动,以保护精密部件。

(6) 长期不进行实验时,每周开机一次,以保护仪器。

(7) 在清洁本仪器前,请拔下电源插头。不要使用喷雾清洁器。可用湿布或棉纱蘸取乙醇进行清洁。

(8) 请勿堵塞仪器上的缝隙和开口,这些缝隙和开口用于通风以防仪器工作时过热。

(9) 电源插座必须接地良好,电源插座的负载能力至少超过本仪器工作功率的 30%。

六、实验结果

根据实验观测玉米淀粉的爆炸情况判断不同质量浓度玉米淀粉的最小点火能范围,对比分析玉米淀粉质量浓度与其最小点火能之间的关系。

七、分析讨论

(1) 引起粉尘爆炸的条件有哪些?

(2) 发生粉尘爆炸时的防护措施有哪些?

(3) 影响最小点火能的因素有哪些?

八、实验报告

实验报告由实验指导教师根据实验项目提出具体要求,主要应包括:

(1) 实验目的。

(2) 实验仪器。

(3) 实验步骤(或方法)。

(4) 数据结果及分析。

(5) 分析讨论。

实验 11
材料力学性能实验

钢结构具有自重轻、强度高、抗震性能好以及可循环利用等优点，被广泛地运用在建筑领域。钢材的种类繁多，性能差别很大，适用于钢结构的钢材只有碳素钢及合金钢中的少数几种。用作钢结构的钢材必须符合下列要求：

(1) 较高的强度。较高的强度是指具有较高的屈服点和抗拉强度。屈服点是衡量结构承载能力的指标，屈服点高可减轻结构自重，节约钢材和降低造价；抗拉强度是衡量钢材经过较大变形后的抗拉能力，它直接反映钢材内部组织的优劣，同时抗拉强度值高可以增加结构的安全保障。

(2) 足够的变形能力。足够的变形能力是指具有较好的塑性和韧性。塑性好，结构在静载和动载作用下具有足够的应变能力，可减轻结构脆性破坏的倾向，同时可通过较大的塑性变形调整局部应力；韧性好，则结构具有较好的抵抗重复荷载作用的能力。

(3) 良好的工艺性能。良好的工艺性能包括冷加工、热加工和可焊性能。具有良好工艺性能的钢材不仅易于加工成各种形式的结构，而且不致因加工而对结构的强度、塑性和韧性等造成较大的不利影响。

此外，根据结构的具体工作条件，有时还要求钢材具有适应低温、腐蚀性环境和疲劳荷载作用的能力。

实验 11.1　钢材拉伸实验

一、实验目的

(1) 测定低碳钢的屈服点 σ_s、抗拉强度 σ_b、断后伸长率 δ 及断面收缩率 ψ。

(2) 测定铸铁的抗拉强度 σ_b。

(3) 观察拉伸过程的不同阶段、现象及拉伸图。

(4) 比较低碳钢与铸铁抗拉性能的特点，并进行断口分析。

二、实验原理

（一）拉伸图的绘制

拉伸实验是测定材料力学性能最基本的实验之一。材料在拉伸时测定其力学性能，可通过以拉伸载荷 P 为纵坐标、试样伸长量 ΔL 为横坐标的拉伸图来实现。各种材料在不同的加载条件下（温度、应力速率、应变速率、应力状态等），拉伸图将显示出不同的形式，亦即在各自拉伸图上表现出不同的特性和规律。低碳钢的 $P\text{-}\Delta L$ 图如图 11-1 所示，是一种典型的形式，整个拉伸变形分为四个阶段：弹性阶段、屈服阶段、强化阶段和局部变形阶段。

铸铁是典型的脆性材料，它的 $P\text{-}\Delta L$ 图如图 11-2 所示。既不存在屈服阶段，也不存在强化阶段和局部变形阶段，是另一种典型形式。

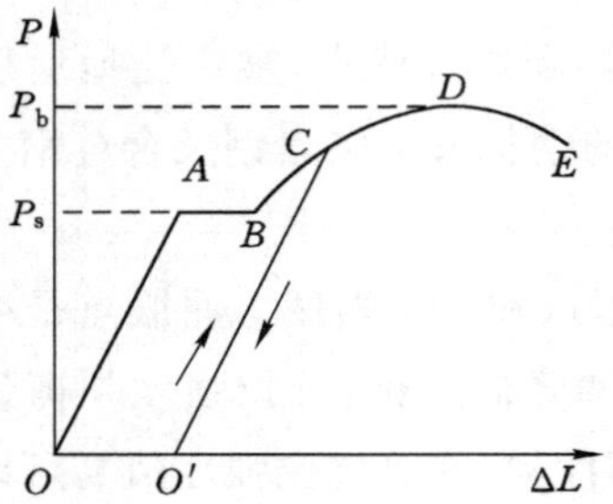

图 11-1　低碳钢的拉伸图

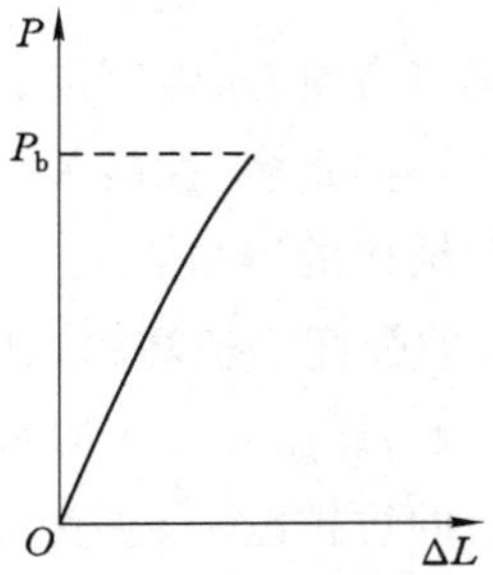

图 11-2　铸铁的拉伸图

（二）屈服点、上屈服点、下屈服点的测定

同低碳钢相类似的具有屈服现象的材料，应测定其屈服点、上屈服点或下屈服点，测定方法如下。

1. 图示法

实验时，试验机上的绘图装置将绘制出力-伸长量曲线或力-夹头位移曲线图，手动数显材料试验机由于是连接电脑软件，力和变形测量都是由高精度传感器完成，实验曲线比较清楚，还可以转换成应力-应变曲线。操作时注意选择力和伸长量（或夹头位移）的量程，曲线至少应绘制到屈服阶段结束点。若曲线上屈服平台保持恒定力值 P_s，如图 11-3(a)所示，与其对应的应力为屈服点；若曲线上屈服阶段中力首次下降前的最大值为 P_{sH}，如图 11-3(b)、(c)、(d)所示，与其对应的应力为上屈服点；若屈服阶段不计初始瞬时效应的最小力值为 P_{sL}，如图 11-3(b)、(c)所示，与其对应的应力为下屈服点。

屈服点 σ_s，上屈服点 σ_{sH} 和下屈服点 σ_{sL} 分别按照以下公式计算（单位为 N/mm^2 或 MPa）：

$$\sigma_s = \frac{P_s}{A_0} \tag{11-1}$$

$$\sigma_{sH} = \frac{P_{sH}}{A_0} \tag{11-2}$$

$$\sigma_{sL} = \frac{P_{sL}}{A_0} \tag{11-3}$$

式中　A_0——试样标距范围内的原始截面面积，mm^2。

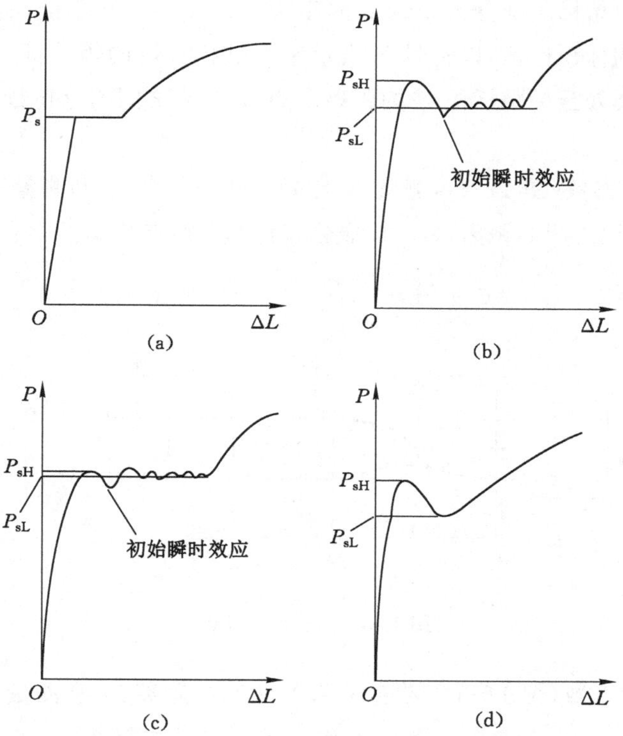

图 11-3　拉伸图中屈服阶段的几种情况

2. 指针法

老式的液压式万能试验机还可以用指针法测定屈服点、上屈服点和下屈服点，即实验时，当测力度盘的指针首次停止转动时对应的恒定力为 P_s，或指针首次回转前的最大力为 P_{sH}，或不计初始瞬时效应的最小力为 P_{sL}，仍用式(11-1)～式(11-3)分别计算屈服点、上屈服点和下屈服点。

(三) 抗拉强度的测定

试样被拉至断裂，从拉伸曲线图上确定实验过程中的最大力值 P_b(图 11-1 和图 11-2)，或从测力度盘上读取最大力值 P_b，则抗拉强度 σ_b 按式(11-4)计算(单位为 N/mm^2 或 MPa)。手动数显材料试验机可以从数显采集仪上直接读取最大力值 P_b。

$$\sigma_b = \frac{P_b}{A_0} \tag{11-4}$$

(四) 断后伸长率的测定

试样被拉断后，将其断裂部分在断裂处紧密对接在一起，尽量使其轴线位于一直线上，然后测量断后的标距——用以测量试样伸长的两端点标记间的长度。如拉断处形成缝隙，则此缝隙应计入断后标距内。断后标距 L_1 的测量方法如下。

1. 直测法

如拉断处到最近标距端点的距离大于初始标距 L_0 的 1/3 时，直接测量断后标距 L_1。

2. 移位法

实验前将试样原始标距细分为 5 mm(推荐)到 10 mm 的 N 等份;实验后,以符号 X 表示断裂后试样短段的标距标记,以符号 Y 表示断裂试样长段的等分标记,此标记与断裂处的距离最接近于断裂处至标距标记 X 的距离。如 X 与 Y 之间的分格数为 n,按如下测定断后伸长率。

(1) 如 $N-n$ 为偶数(图 11-4),测量 X 与 Y 之间的距离 l_{XY} 和测量从 Y 至距离为 $(N-n)/2$ 个分格的 Z 标记之间的距离 l_{YZ}。按照公式计算断后伸长率:

$$\delta=\frac{l_{XY}+2l_{YZ}-L_0}{L_0}\times 100\% \tag{11-5}$$

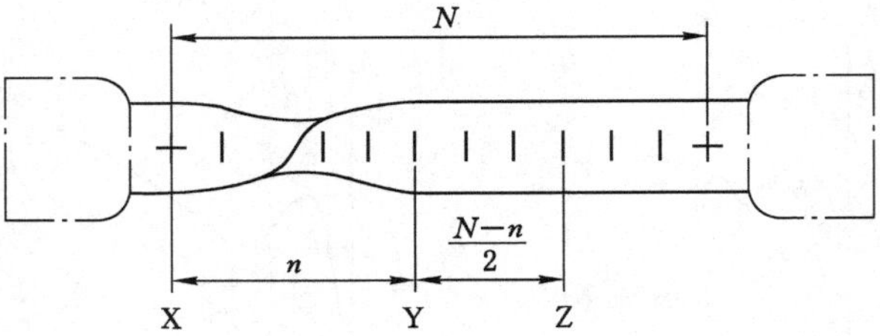

图 11-4 $N-n$ 为偶数

(2) 如 $N-n$ 为奇数(图 11-5),测量 X 与 Y 之间的距离 l_{XY} 和测量从 Y 至距离分别为 $(N-n-1)/2$ 和 $(N-n+1)/2$ 个分格的 Z' 和 Z'' 标记之间的距离 $l_{YZ'}$ 和 $l_{YZ''}$。按照公式计算断后伸长率:

$$\delta=\frac{l_{XY}+l_{YZ'}+l_{YZ''}-L_0}{L_0}\times 100\% \tag{11-6}$$

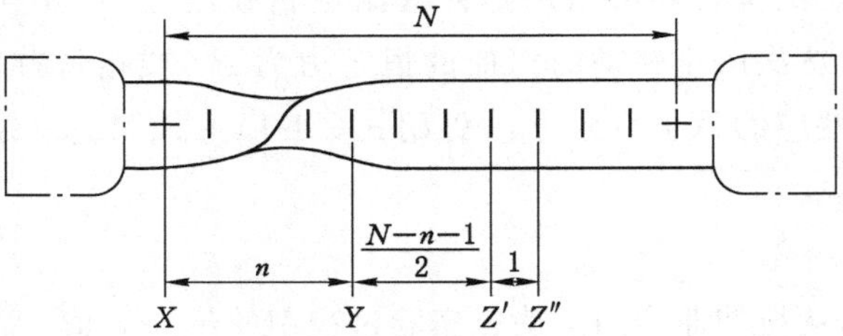

图 11-5 $N-n$ 为偶数

式中 n——X 与 Y 之间的间隔数;

N——等分的份数;

X——试样较短部分的标距标记;

Y——试样较长部分的标距标记;

Z,Z',Z''——分度标记。

(五) 截面收缩率的测定

试样被拉断后颈缩处最小截面面积 A_1 的测定:在圆截面试样颈缩最小处两个相互垂直的方向上测量其直径,用二者的算术平均值计算直径 d_1 和面积 A_1。截面收缩率按式(11-7)

计算：

$$\psi = \frac{A_0 - A_1}{A_0} \times 100\% \tag{11-7}$$

三、实验仪器及材料

（1）液压万能试验机/手动数显材料试验机。

（2）游标卡尺。

（3）拉伸试样。

试样加工须按《金属材料 拉伸试验 第 1 部分：室温试验方法》（GB/T 228.1—2021）的有关要求进行。拉伸试样分为比例和非比例两种情况，比例试样应符合 $L_0 = K\sqrt{A_0}$ 的关系，$K = 5.65$ 时称为短试样，$K = 11.3$ 时称为长试样。据此圆形截面试样的标距长度分别为 $5d_0$ 和 $10d_0$（d_0 为截面的初始直径），圆形截面试样的直径通常为 3～25 mm，试样两端夹持部分的形状和尺寸可根据试验机夹头形式而定，一般有四种形式：双肩头部试样、单肩头部试样、螺纹头部试样和光面圆柱形头部试样。部分试样如图 11-6 和图 11-7 所示。

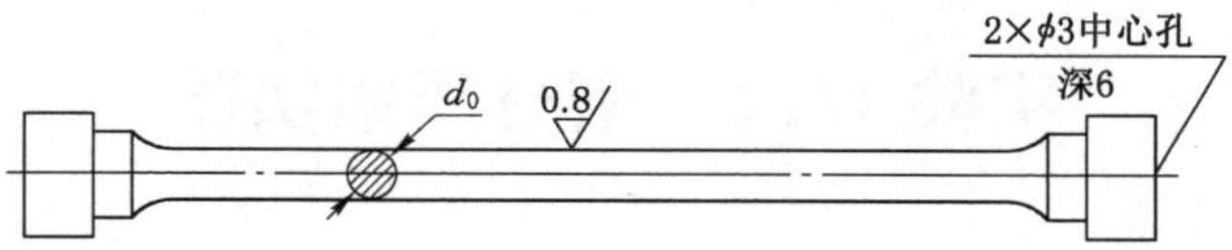

图 11-6　双肩头部试样（手动数显材料试验机适用）

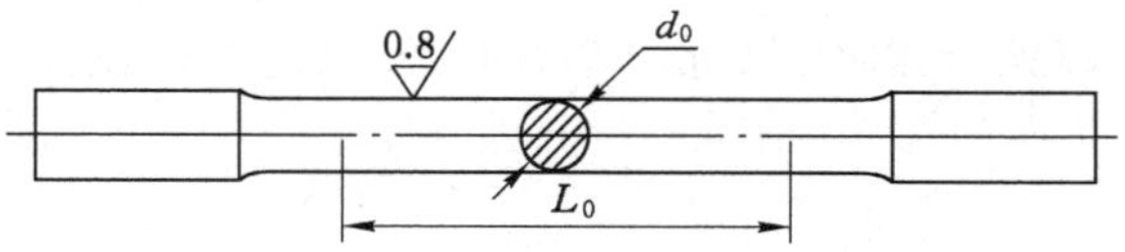

图 11-7　光面圆柱形头部试样

四、实验方法及步骤

使用液压万能试验机或者手动数显材料试验机，实验时严格按照仪器设备的操作要求进行。

五、注意事项

（1）在实验过程中，如果油泵突然停止工作，应立即卸除荷载，查清原因，一切正常后再开动油泵，进行实验。

（2）试样安装必须正确，防止偏斜和夹入部分过短。

（3）自动绘图器中途发生故障，应停止加载，排除故障后再继续加载。使用电动加载时，应把手摇把取下来，以免发生意外；使用手动加载时，不能太快太急，防止手摇把滑落。

六、分析讨论

(1) 试述低碳钢拉伸过程四个阶段的力学特性。

(2) 试比较低碳钢和铸铁的拉伸力学性能。

(3) 为何低碳钢拉伸试样在颈缩现象开始出现后，ΔL 仍在继续增大而 P 反而减小？这时试样横截面上的应力是否也在减小？为什么？

七、试验报告

实验报告由实验指导教师根据实验项目提出具体要求，主要应包括：

(1) 实验目的。

(2) 实验仪器。

(3) 实验步骤(或方法)。

(4) 数据结果及分析。

(5) 分析讨论。

实验 11.2 钢材压缩实验

一、实验目的

(1) 测定压缩时低碳钢的屈服极限(屈服强度)σ'_s 和铸铁的强度极限(抗压强度)σ'_b。

(2) 观察低碳钢和铸铁压缩时的变形和破坏现象，并进行比较。

二、实验原理

金属材料压缩实验所用的试样一般规定试样高度 h_0 和横截面直径 d_0 的比值 h_0/d_0 需满足 $2.5\leqslant h_0/d_0\leqslant 3.5$。为了尽量使试样轴向受压，试样两端面必须平行，并且要与试样轴线垂直。端面应光滑以减小摩擦影响。试样加载示意图如图 11-8 所示，施加荷载时要求合力作用线与试样的轴线重合，试样的两端必须有球面支座及承压垫，当试样承压时，试样的上下端面与试验机承压垫之间产生很大的摩擦力，从而阻碍试样上部和下部的横向变形。若在试样两端涂抹润滑剂(如机油)以减小摩擦力，则试样的抗压能力会有所降低。当试样高度增加时，摩擦力对试样中部的影响就会减小。因此抗压能力与 h_0/d_0 有关。这一比值越大，铸铁测得的强度极限越小。由此可见，在相同的实验条件下才能对不同材料的力学性能进行比较。实验时可以利用自动绘图装置，绘出低碳钢和铸铁的压缩曲线。

低碳钢在压缩过程中，超过比例极限后，开始出现变形增长较快时的荷载(此时测力指针稍有停顿)，就是对应于屈服极限的荷载 P'_s。此后压缩图曲线继续上升，这是因为试样截面面积不断增大，因而能承受更大的载荷。最后可将试样压成鼓形而不破裂(图 11-9)极限，因此无法求出最大荷载和强度极限。

铸铁在压缩过程中，当压缩到最大荷载时，会突然发生断裂。由随动针读出试样断裂时

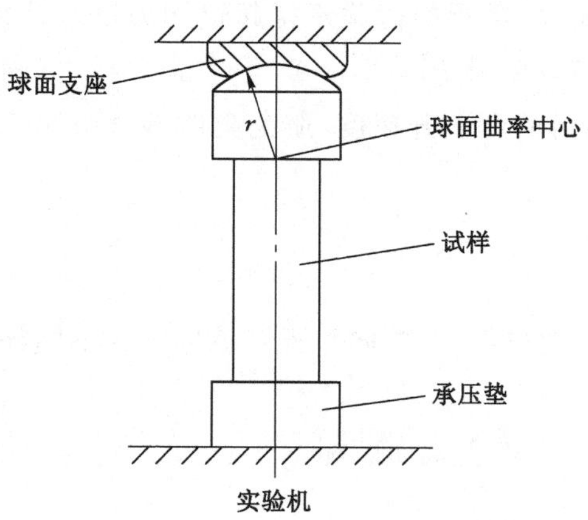

图 11-8　试样加载示意图

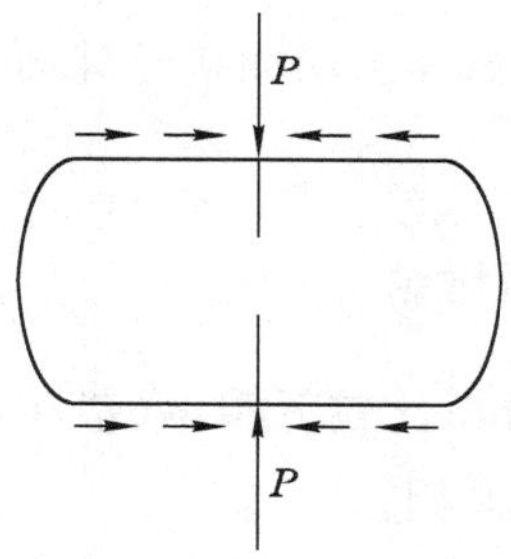

图 11-9　非均匀压缩变形

的荷载 P'_b值。铸铁试样是沿着与试样轴线大致成 45°～55°的截面破坏的。低碳钢与铸铁压缩曲线见图 11-10。

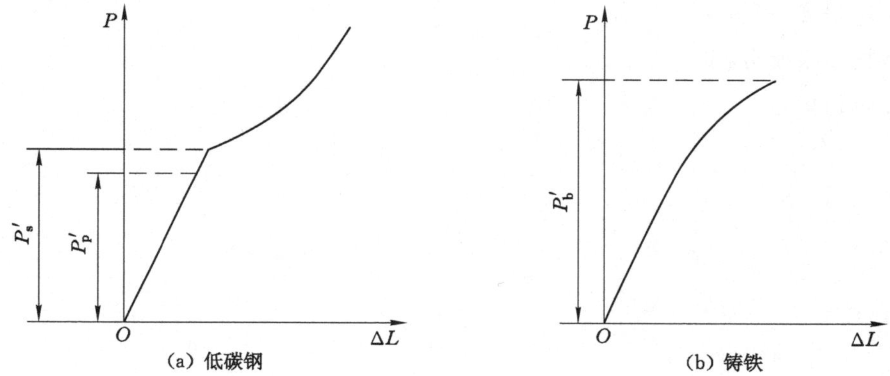

图 11-10　低碳钢与铸铁压缩曲线

三、实验仪器及材料

(1) 液压万能试验机/手动数显材料试验机。

(2) 游标卡尺。

(3) 试样:低碳钢和铸铁等金属试样一般制成很短的圆柱形。

四、实验方法及步骤

(1) 测量试样的高度和直径。测量直径时需要对试样两端及中间等 3 处截面直径进行测量,取 3 处中最小一处的平均直径计算圆截面面积。

(2) 选择试验机测力度盘,调整指针对零,调整好自动绘图器。

(3) 安装试样,将试样两端涂上润滑油,然后准确地放在试验机活动台承压垫中心上。

(4) 进行实验,对低碳钢试样缓慢加载,注意观察屈服现象,记下屈服荷载 P'_s,过屈服阶段后，继续加载，最后将试样压成鼓形即可停止，注意所加荷载不得超过测力度盘范围。对于铸铁试样缓慢加载直至试样破裂为止，记下破坏载荷 P'_b。

注意：当试样上端面接近球面支座时，应减慢活动台上升速度，避免突然接触引起急剧加载。

五、分析讨论

(1) 试分析比较低碳钢(塑性材料)与铸铁(脆性材料)在拉伸和压缩破坏时的不同破坏形式，并说明原因。

(2) 为什么铸铁压缩试样沿着与轴线成45°～55°的斜截面破坏？

六、实验报告

实验报告由实验指导教师根据实验项目提出具体要求，主要应包括：

(1) 实验目的。

(2) 实验仪器。

(3) 实验步骤(或方法)。

(4) 数据结果及分析。

(5) 分析讨论。

实验 12
高校公共建筑安全疏散设计虚拟仿真实验

安全疏散设计是一个复杂的综合性课题，认识并熟悉建筑的安全疏散设施和进行合理的安全疏散设计对于人员疏散安全至关重要。建筑安全疏散设计实验要求的实验场景往往需要高度还原火灾现场，而还原火灾现场进行疏散设计实验具有较高的危险性、不可控性和不可重复性，因此在实验教学中，不易构建真实场景，但在日常场景中进行安全疏散设计实验时学生难以沉浸在火场的氛围中。

本实验项目通过虚拟再现建筑火灾疏散场景，模拟安全疏散设计中涉及的方案，实现建筑疏散设施的认知及主要疏散环节的场景化设计，通过疏散逃生场景的模拟来构建与体验火灾逃生的氛围，在虚拟场景中使学生完成建筑疏散设计综合能力的考核。该项目不仅能将课堂所学应用于公共建筑安全疏散设计的探究实践，还可以解决理论知识和工程设计验证之间的衔接问题，使学生通过所见即所得的方式评估设计效果、校验设计方案。

一、实验目的

(1) 掌握建筑耐火等级的概念及其对建筑安全疏散设计的影响。
(2) 理解并掌握疏散设施的不同功能及其参数设置。
(3) 理解并掌握疏散安全分区的定义及其对建筑安全疏散设计的影响。
(4) 会计算并确定不同耐火等级和不同楼层疏散宽度。
(5) 理解并掌握建筑疏散距离的要求。
(6) 学会应急照明与疏散指示标志的辨识与安装。
(7) 了解建筑疏散的过程及一些关键指标。

二、实验原理及方法

1. 安全疏散设计实验原理

安全疏散设计是指根据建筑的特性设定的火灾条件，针对灾害及疏散形式的预测，采取一系列防火措施保证人员疏散安全，并使其具有足够的安全度。一般认为，到达符合规范要求安全条件的疏散楼梯间，即认为到达了相对安全区域，完成了安全疏散的过程。安全疏散设计的基本原则为，认真分析不同建筑物中人员在火灾条件下的心理状态及行动特点，并在此基础上采取相应的设计措施。安全疏散设计的具体原则包括双向疏散原则、简洁明了原则以及与正常生活流线相结合原则等。

安全疏散设计实验模块以中国矿业大学图书馆建筑的实际场景为背景，学生通过虚拟场景首先对整个建筑形成一个基本认识，确定建筑耐火等级，并进行安全出口布置，疏散宽度设计以及应急照明、疏散指示标志的设置。

2. 安全疏散模拟实验原理

学生在完成疏散设施的布置和设计后，可选择进入安全疏散模拟模式。学生在进行仿真运行的过程中可在3D条件下通过第一人称视角漫游虚拟疏散场景。在模拟疏散过程中，学生需要确认不同能见度下的疏散情况。

(1) 正常能见度情况。

烟气层高于2.0 m的正常能见度情况下，以第一人称视角漫游整个疏散过程，以人员数量和疏散宽度修正运动速度、展示疏散的瓶颈。

(2) 最小安全能见度情况。

烟气层下降至2.0 m安全高度后，疏散走道的能见度降至20 m时的疏散漫游，此时仅能看见2个相邻的疏散指示标志，验证疏散设施布设的合理性和可靠性。

(3) 极限能见度情况。

烟气温度达到60 ℃、CO浓度0.01%和能见度10 m场景下的疏散漫游。设定人体耐受极限时间2 min，检验能否安全疏散。并提出一个开放性问题，在极限条件下如何利用现有疏散设施进行疏散。

一组建筑结构参数的设置构成一个工况，能够重复进行实验，不同工况得到的结果不同。

3. 考核模式实验原理

考核模式是进行安全疏散设计参数设置和检验的必要手段，同时系统将会在预设题库内随机抽取题目供学生作答。考核目的在于验证学生疏散设计是否合理，同时检验学生对设计规范的理解，如果疏散时间不达标或疏散时间过长，系统将给予提示，学生可在规定时间内重新修改并再次验证。最后，系统将基于疏散设计、疏散时间、试错次数、答题情况等多个因素进行综合评判，并给出最终成绩。

三、实验设备

该虚拟仿真项目的支撑平台为中国矿业大学安全工程学院虚拟仿真实验室，为学生提供了沉浸式公共建筑安全疏散设计虚拟仿真体验。虚拟仿真实验所用计算机要求如下。

1. 硬件要求

计算机硬件配置要求如下：

处理器：Intel 2.2 GHz；内存：2 GB；硬盘空间：80 GB；显卡：分辨率1 280像素×1 024像素；网卡：1 Gbit/s以太网卡；显示器：14英寸以上；网速：2 Mbit/s。

2. 用户操作系统要求

计算机操作系统和版本要求：客户端操作系统Windows 7及以上。

3. 网络要求

客户端到服务器的带宽要求：基于公有云服务器部署的系统，5～10 Mbit/s 带宽；基于局域网服务器部署的系统，10～50 Mbit/s 带宽。

非操作系统软件配置要求：谷歌浏览器、IE 浏览器、360 浏览器、火狐浏览器等。

是否需要特定插件：是。

插件名称：unity web player。

插件容量：1 MB。

四、实验内容及步骤

本实验设置 3 个模块实验内容。

模块一：安全疏散设计。在建筑耐火等级与消防疏散设施的认知与辨识方面，该模块可培养学生的总体认知及建筑耐火等级识别能力，一定程度上可代替建筑现场的实习实践。在建筑安全疏散参数设计方面，该模块可培养学生的工程意识及工程设计思路，提升学生解决建筑安全疏散设计问题的能力，并拓宽专业视野。在应急照明与疏散指示标志的布设方面，该模块可强化学生对应急照明与疏散指示标志布设的认识，树立重视实践、关注数据、尊重客观规律的理念，锻炼学生从运行中发现问题、总结规律的能力，提升工程创新能力。

模块二：安全疏散的虚拟仿真。该模块可增强学生对建筑安全疏散过程的认识，帮助学生深入理解安全疏散设计的意义及作用。

模块三：考核模式。该模块设立多重考核机制，学生可在规定时间内对疏散设计重新进行整改优化，并在疏散模拟完成后，会随机从题库中抽取相关的习题进行考核，该模块可全面评价学生设计能力，增强学生对疏散系统理论知识更深层次的理解，提高理论知识与设计实践相结合的能力，同时帮助学生发现自己的薄弱环节，从而重点学习突破，以全面提高解决工程技术问题的能力。

实验可在学生自己设计好的建筑疏散环境中，开启安全疏散模式，进行虚拟逃生演练。在演练过程中，学生可通过第一视角进行疏散，将真实的逃生场景进行了高度仿真，使学生身临其境，感受逃生时的心理状态。演练结束后，学生可从监控器视角进行逃生回顾，加深学生对于安全疏散场景的印象。

具体的实验步骤如下。

1. 建筑属性设置

本步骤目的：通过在仿真系统内对建筑属性的一系列设置，完成疏散设计必要的步骤，使学生掌握关于建筑属性设置的相关规范。建筑属性设计界面如图 12-1 所示。

本步骤操作过程：点击“建筑属性”，进入建筑属性设置界面，界面包含“建筑高度”“耐火等级”“使用属性”“防火分区”选项，学生要依次设置相应的参数，在设置界面右侧区域给出了建筑属性设计规范供学生学习和参考。根据房间功能，在标准层视图设置建筑分隔的类型。

本步骤操作结果：学生根据相应技术规范，完成建筑属性的设计。

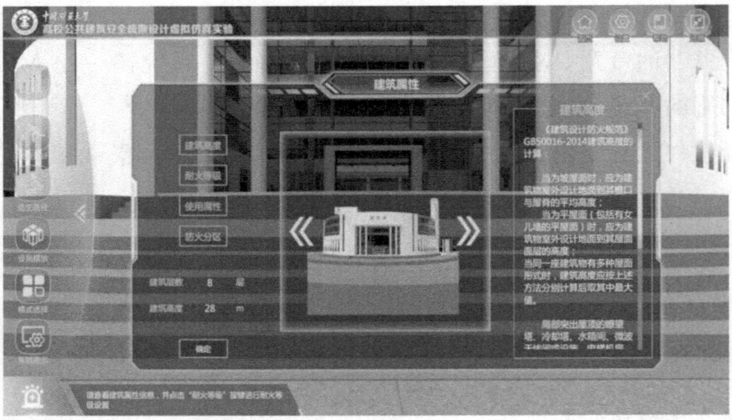

图 12-1 建筑属性设计界面

2. 疏散设计设置

本步骤目的：通过疏散设计，让学生掌握关于疏散设计的方法和规范，通过仿真系统生动形象地体会疏散设计的过程，并能够运用学到的知识解决设计中的问题。

本步骤操作过程：点击“疏散设计”，进入疏散设计界面。疏散设计包含疏散门、安全出口和疏散走道三个部分，学生需要依次对每一部分的参数进行设置，并依据疏散走道相关规范判断疏散走道宽度的合理性，使学生掌握疏散走道合理宽度设计。

(1) 疏散门的设置。

点击“疏散门”，在操作界面(图 12-2)出现参数设置框，可设置门的类型、开启方向和宽度，输入完成后点击“确定”，将门设置在合适的位置。

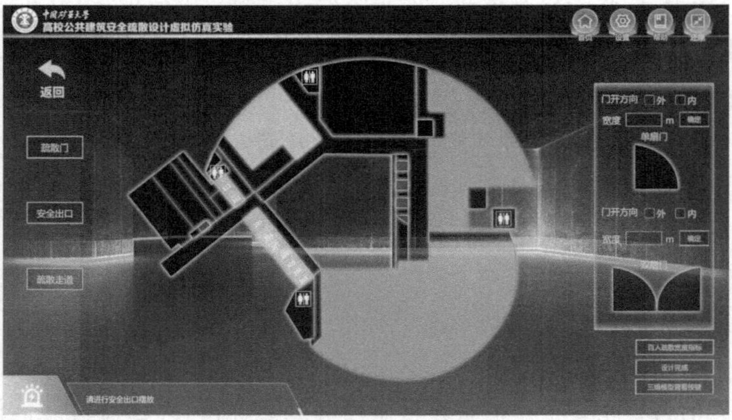

图 12-2 疏散门设置界面

(2) 安全出口的设置。

点击“安全出口”，进入安全出口设置界面，如图 12-3 所示。在操作界面出现参数输入框，学生需要根据技术规范计算安全出口宽度，并将计算值输入“安全出口宽度”设置框。选择安全出口的类型。参数设置完成后，点击“设计完成”保存关于安全出口的设计。

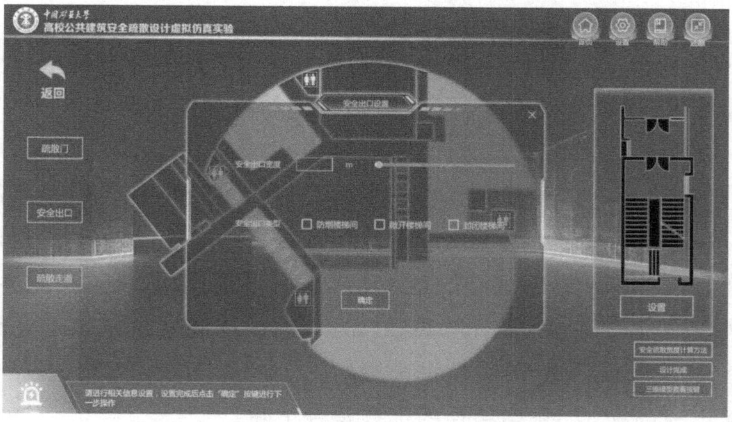

图 12-3　安全出口设置界面

(3) 疏散走道的设置。

点击“疏散走道”,进入疏散走道设置界面,如图 12-4 所示。首先需要确定疏散走道的位置,然后在参数设置框内输入走廊宽度。点击“确定”可完成一次疏散走道的设置,完成所有的疏散走道设计后,点击“设计完成”,完成此项目的设计。

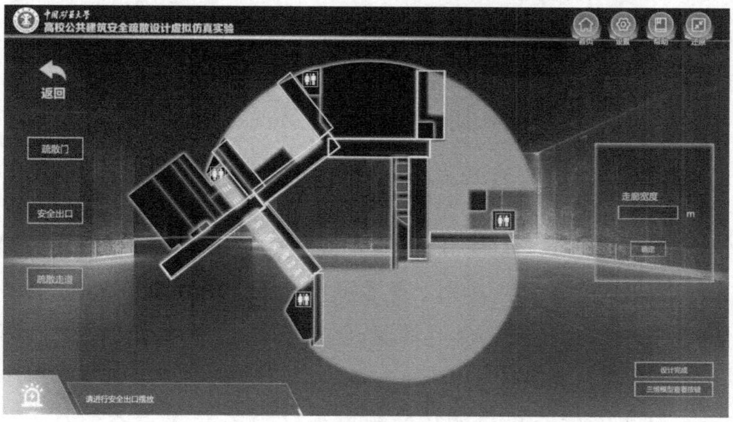

图 12-4　疏散走道设置界面

(4) 疏散走道宽度合理性判断。

学生在表格中输入自己计算的各出口及疏散走道的宽度参数,系统将根据内置的疏散宽度计算规则判断输入的参数是否正确。

疏散人数确定原则:

① 每层的房间疏散门、安全出口、疏散走道的各自总净宽度,应根据本楼层的疏散人数计算确定。

② 当每层疏散人数不等时,疏散楼梯的总净宽度可分层计算,地上建筑内下层楼梯的总净宽度应按该层及以上疏散人数多一层的人数计算。

③ 首层外门的总净宽度应按该建筑疏散人数最多一层的人数计算确定,不供其他楼层

人员疏散的外门，可按本层的疏散人数计算确定。

④ 人员密集的观众厅内每个疏散出口平均通过人数不应超过 250 人。

本步骤操作结果：完成疏散设计中 3 个疏散设施的相关参数设置。

3. 逃生路径设计

本步骤目的：基于上一步骤疏散设计，选取逃生路径，使学生掌握逃生路径设计的相关知识，并计算选取的逃生路径距离，计算结果用于考核评价疏散设计的合理性。

本步骤操作过程：点击“逃生路径”，进入逃生路径设置界面，学生在此界面选取相应的疏散走道作为逃生路径，然后点击“计算路径”，系统将实时显示所选取逃生路径的距离，如图 12-5 所示。完成路径设计后，系统根据内置的疏散距离计算规则判定：① 学生所计算隔间是否为疏散最不利位置；② 逃生路径的选取是否正确。

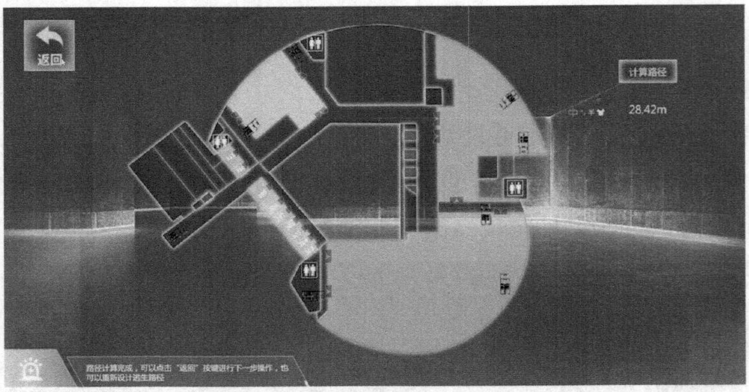

图 12-5　逃生路径计算界面

系统内置的疏散距离计算方法说明：疏散距离均为行走直线距离，当计算室内最远点至最近疏散门（或安全出口）的直线距离时，通常不考虑设备、家具及办公桌椅等障碍物的影响，但对于室内隔间（即使隔间不到顶）的情况，需要考虑墙体遮挡的影响，要按其中的折线距离计算。

如图 12-6 所示，B 点至安全出口的疏散距离为(b_1+b_2)，A 点至安全出口的直线距离包括 A 点至疏散门的直线距离(a_1+a_2)和疏散门到安全出口的直线距离(L_1+L_2)。

本步骤操作结果：完成逃生路径的选取，并计算出逃生路径距离。

4. 消防设施摆放设置

本步骤目的：完成消防设施摆放，使学生掌握应急照明及疏散指示标志摆放的技术要求，见图 12-7。

本步骤操作过程：点击“设施摆放”，出现“消防设施选择”框，点击要摆放的安全设施，然后点击“开始布置”，在 3D 状态下，拖动应急照明或疏散指示标志，通过拖动鼠标来移动设施的位置，松开鼠标后将该设施安装在竖向墙体的某一位置。

本步骤操作结果：完成应急照明和疏散指示标志的安放。

操作说明：首先拖动各构筑物进行位置的确定，然后进行各个参数的设定。每个参数可以设置一个滑块，拖动滑块选择相应的数值。

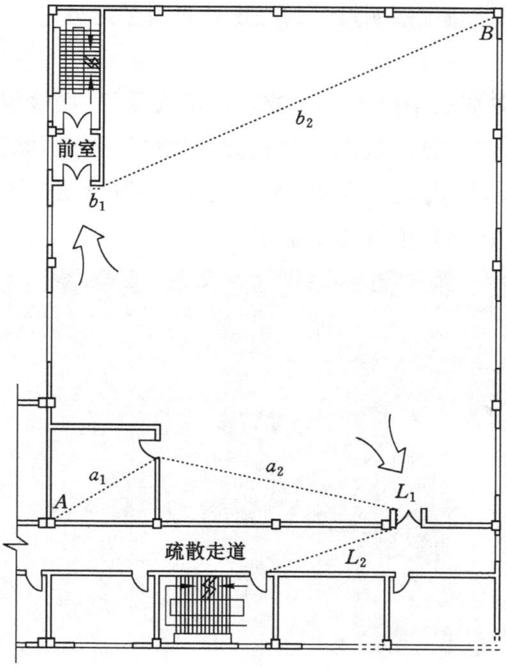

图 12-6　疏散距离计算示意图

图 12-7　应急照明及疏散指示标志的设置界面

应急照明及疏散指示标志的设置要求：应急照明灯具应设置在出口的顶部、墙面的上部或顶棚上；疏散指示标志应符合下列规定。

① 设置在安全出口和人员密集的场所的疏散门的正上方。

② 设置在疏散走道及其转角处距地面高度 1.0 m 以下的墙面或地面上。灯光疏散指示标志的间距不应大于 20 m；对于袋形走道，不应大于 10 m；在走道转角区，不应大于1.0 m。

系统根据上述规则判定：

① 所有应急照明和疏散指示标志设置是否正确。

② 根据学生所选择单盏疏散照明灯具的亮度计算疏散走道中线处的亮度是否满足要求。

5. 人员设置

本步骤目的：设置疏散场景中的人员参数。包括人数、所在楼层和区域、移动速度参数。

本步骤操作过程：点击“人员”，进入人员相关参数设置界面，如图 12-8 所示。在设置界面有人员相关参数设置框，依次输入人数、所在楼层、选择区域，完成这些参数设置后点击“确定”。系统将自动修正运动速度并予以显示。

图 12-8 人员设置界面

本步骤操作结果：完成疏散场景中人员参数的设置。

6. 能见度设置

本步骤目的：完成疏散场景的能见度设置，确定着火点的位置。考虑火灾的影响，合理地选择能见度的大小。

本步骤操作过程：点击“能见度”，进入能见度相关参数设置界面，如图 12-9 所示。设置仿真模拟场景的能见度情况，并设置着火区域。

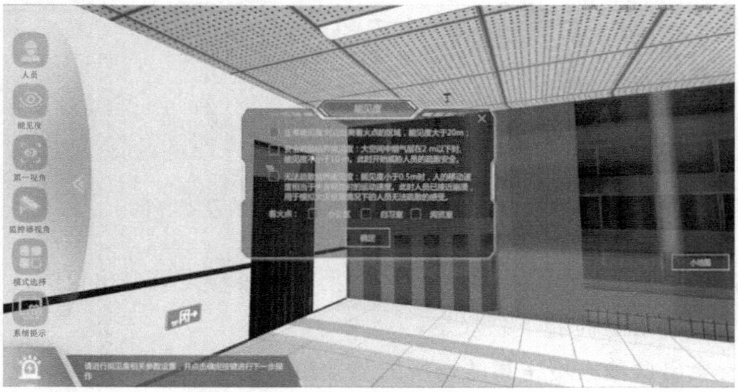

图 12-9 能见度设置界面

本步骤操作结果：选取能见度并确定着火点的位置。

7. 正常能见度情况下疏散漫游

本步骤目的：在正常能见度条件下，对所做的疏散设计进行仿真运行，观察此条件下的整个疏散过程，得到疏散时间，展示疏散中的问题，如图 12-10 所示。

图 12-10　正常能见度情况下疏散漫游

本步骤操作过程：点击“第一视角”，点击“开始疏散”，系统开始进行事故疏散模拟，此时在烟气层高于 2.0 m 的正常能见度情况下，以第一人称视角漫游整个疏散过程，最终以人员数量和疏散宽度修正运动速度、展示疏散的瓶颈（需通过 3D 动画表现出来）。

本步骤操作结果：完成该能见度条件下的疏散，得到疏散时间，展示疏散中的问题。

8. 最小安全能见度情况下疏散漫游

本步骤目的：在最小安全能见度条件下，对所做的疏散设计进行仿真运行，观察此条件下的整个疏散过程，验证疏散设施布设的合理性和可靠性，如图 12-11 所示。

图 12-11　最小安全能见度情况下疏散漫游

本步骤操作过程：烟气层下降至 2.0 m 安全高度以下后，疏散走道的能见度降至 20 m 时的疏散漫游，此时仅能看见 2 个相邻的疏散指示标志。

本步骤的结果：完成该能见度条件下的疏散，得到疏散时间，验证疏散设施布设的合理性和可靠性。

9. 极限条件下疏散漫游

本步骤目的：在极限条件下，对所做的疏散设计进行仿真运行，观察此条件下的整个疏散过程，验证能否在允许时间内完成疏散，如图 12-12 所示。

图 12-12 极限条件下疏散漫游

本步骤操作过程：烟气温度达到 60 ℃、CO 浓度 0.01%和能见度 10 m 场景下的疏散漫游。设定人体耐受极限时间 2 min，并尝试能否安全疏散。并提出一个开放性问题，在极限条件下如何利用现有疏散设施进行疏散。

本步骤的结果：完成该条件下的疏散，验证是否能完成疏散。

10. 疏散设计结果评价与考核

本步骤目的：汇总上述几种情况下的疏散总时间，作为疏散设计合理性的判断依据；对学生所做的疏散设计进行评价，并给出练习题库供学生完成。通过这一步骤完成对实验操作的评价。

本步骤操作过程：如图 12-13 所示，疏散完毕后会给出疏散所用时间。若不满意某一时间，则可退回对应场景再次进行疏散实验。一组建筑结构参数的设置构成一个工况，能够重复进行实验，不同工况得到的结果不同。

图 12-13 疏散时间汇总表

列表输出步骤 1～6 的汇总参数。系统根据判定准则验证预设的参数，完成安全疏散设计评价，如图 12-14 所示。

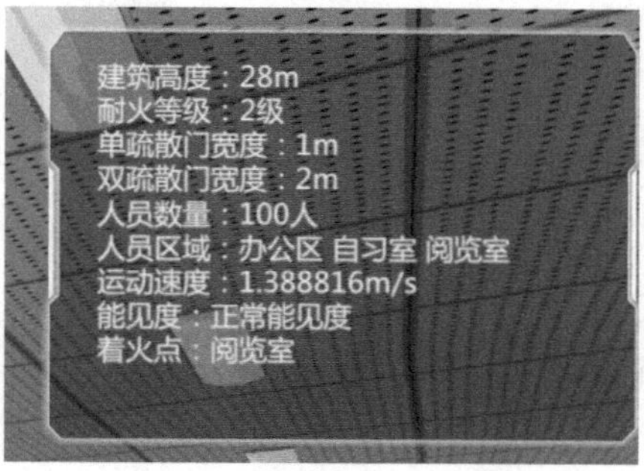

图 12-14　疏散设计相关参数汇总表

随机从题库中抽取相关的习题进行规范考核，如图 12-15 所示。

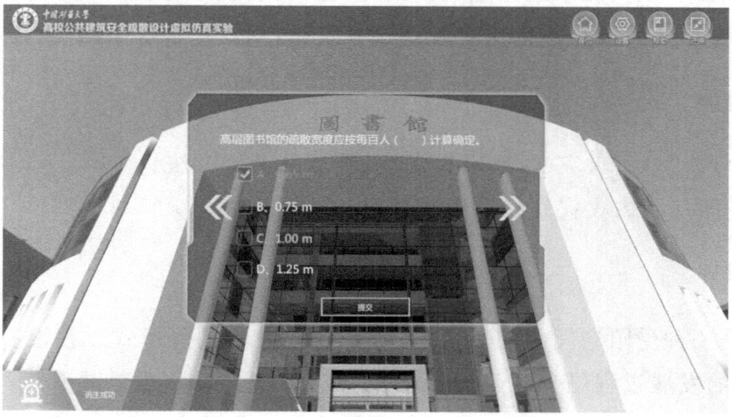

图 12-15　规范试题考试界面

本实验步骤结果：汇总 3 种条件下疏散完毕的时间，将最终结果作为疏散设计合理性的判断依据。对疏散设计参数进行评价，最后给出综合成绩。

五、实验要求

(1) 预习实验指导书，了解实验内容，明确实验原理、实验步骤。
(2) 认真理解实验内容，积极思考，踊跃提出问题并努力回答问题。
(3) 实验完成后完成实验报告，记录实验结果。

实验13

室内火灾发展过程实验

室内火灾发展过程理论一直是消防工程领域的经典理论。明晰室内火灾发展过程，对于防火、灭火、救援和人员疏散意义重大。因此，室内火灾发展过程一直是科学界和工程界关注的焦点，非常有必要通过室内火灾发展过程实验，深入理解这个问题。

一、实验目的

(1) 利用小尺寸单室火灾实验，掌握温度、热流的测试方法。

(2) 了解受限房间内火灾发展和烟气蔓延的一般过程。

二、实验原理

室内火灾是一种受限空间内的燃烧，是建筑物火灾的重要形式。在没有灭火活动的条件下，室内火灾的发展过程可分为四个阶段(图13-1)：① 初期，也就是常说的起火期；② 发展期，一般指从第一着火物引燃第二着火物到轰燃发生之间的过程；③ 最盛期，指轰燃发生到火、热衰减之前的过程；④ 终期，从火灾开始衰减到熄火。火灾初期主要涉及起火规律，发展期和最盛期涉及火灾的蔓延规律。

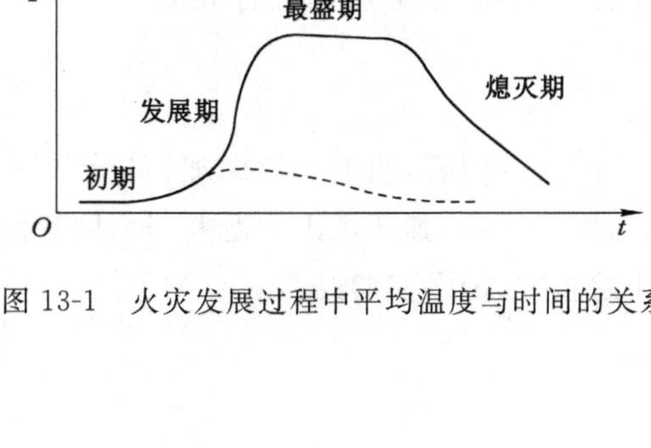

图13-1 火灾发展过程中平均温度与时间的关系

三、实验仪器

34970A数据采集器、K型镍铬-镍硅热电偶、热流计、小尺寸室内火灾实验台(图13-2)、计算机、燃烧盆、摄像机、照相机等。小尺寸室内火灾实验台的内部尺寸为900 mm×600 mm×600 mm。

图 13-2 小尺寸室内火灾实验台

四、实验内容与方法

实验过程中主要采集烟气层和火焰的温度，通过摄像机或照相机记录实验过程。火源可采用丙烷或柴油，其中丙烷的燃烧热为 5.0×10^4 kJ/kg，柴油燃烧热为 4.3×10^4 kJ/kg。

在模型房间内布置由 K 型镍铬-镍硅热电偶制成的热电偶束，以测定烟气层的温度，见图 13-3 和图 13-4；在距燃烧盆边缘 200 mm 处放置两根 K 型镍铬-镍硅热电偶测定火焰温度。

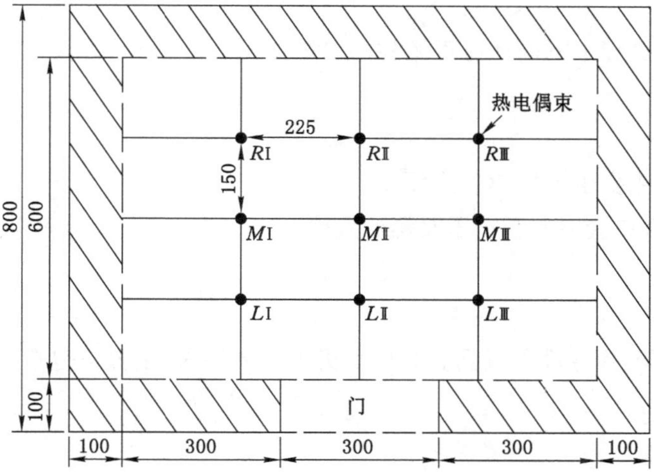

图 13-3 热电偶布置参考图

(1) 实验过程中，可在火源附近放置不同性质的可燃物，以测试其在火灾过程中能否被点燃，此时可在可燃物处放置热流计。

(2) 将热电偶和热流计与 34970A 数据采集器相连，调试数据采集系统。

(3) 打开摄录装置，点燃火源，并记录数据采集的起始时间。

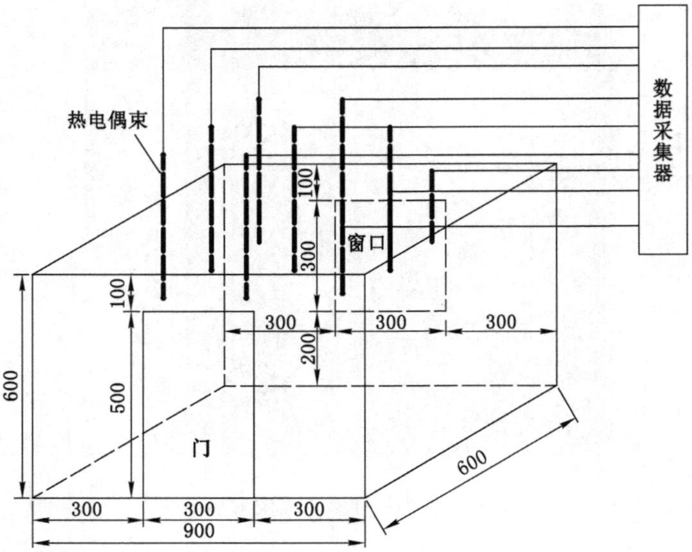

图 13-4 实验装置简图

（4）实验 20 min 后，熄灭火源，整理数据和录像资料。

五、实验结果

（1）根据测得的温度数据，分析模型房间内火灾发展的过程。

（2）由温度数据，结合录像、照片等影像资料，分析房间内烟气层的形成、发展过程及其流动特点。

（3）分析火灾过程中不同性质可燃物的引燃情况。

六、分析讨论

（1）实验中是否发生了轰燃？为什么？

（2）本实验中，哪些因素影响了轰燃的发生？

七、实验报告

实验报告由实验指导教师根据实验项目提出具体要求，主要应包括：

（1）实验目的。

（2）实验仪器。

（3）实验步骤（或方法）。

（4）数据结果及分析。

（5）分析讨论。

实验 14

气体灭火系统实验

气体灭火系统是指平时灭火剂以液体、液化气体或气体状态储存于压力容器内，灭火时以气体(包括蒸汽、气雾)状态喷射作为灭火介质的灭火系统。气体灭火系统能在防护区空间内形成各方向均一的气体浓度，而且至少能保持该灭火浓度达到规范规定的浸渍时间，实现扑灭该防护区的火灾。气体灭火系统包括贮存容器、容器阀、选择阀、液体单向阀、喷嘴和阀驱动装置。

1996 年以后，哈龙替代品及其替代技术研究迅速发展，短短几年，二氧化碳、七氟丙烷、惰性混合气体、三氟甲烷等灭火系统相继出现。在《气体灭火系统及部件》(GB 25972—2010)中，对七氟丙烷灭火系统、三氟甲烷灭火系统、惰性气体灭火系统等的生产、检验作出明确的规定。

因环保、灭火效率高等特点，气体灭火系统广泛用于不适于设置水灭火系统等其他灭火系统的环境中，比如计算机机房、重要的图书馆及档案馆、移动通信基站(房)、不间断电源系统室、电池室和一般的柴油发电机房等。

一、实验目的

(1) 掌握七氟丙烷气体灭火系统的组成、工作原理。

(2) 掌握七氟丙烷气体灭火系统各组件的功能。

(3) 观察并分析七氟丙烷气体灭火系统灭火的过程。

二、实验原理

1. 七氟丙烷气体灭火系统的灭火特点

(1) 保护环境。七氟丙烷是无色、无味的气体，其臭氧消耗潜能值(ODP)为零，在国际标准化组织(ISO)认可的洁净气体灭火剂中，其洁净性最好，具有清洁、低毒、电绝缘性能好、灭火效率高的特点。

(2) 保护生命安全。七氟丙烷的未观察到有害效应的水平(NOAEL)为 9%，而一般七氟丙烷的灭火设计浓度为 10%以下，对人体基本无害。

2. 七氟丙烷气体灭火系统的灭火机理

七氟丙烷气体灭火系统的灭火机理为通过惰化火焰中的活性自由基，实现断链灭火。

3. 七氟丙烷气体灭火系统的适用范围

(1) 电气火灾。

(2) 固体表面火灾。

(3) 液体火灾。

(4) 灭火前能切断气源的气体火灾。

4. 七氟丙烷气体灭火系统的控制方式

七氟丙烷灭火系统应有下列三种控制方式,其程序控制如图 14-1 所示。

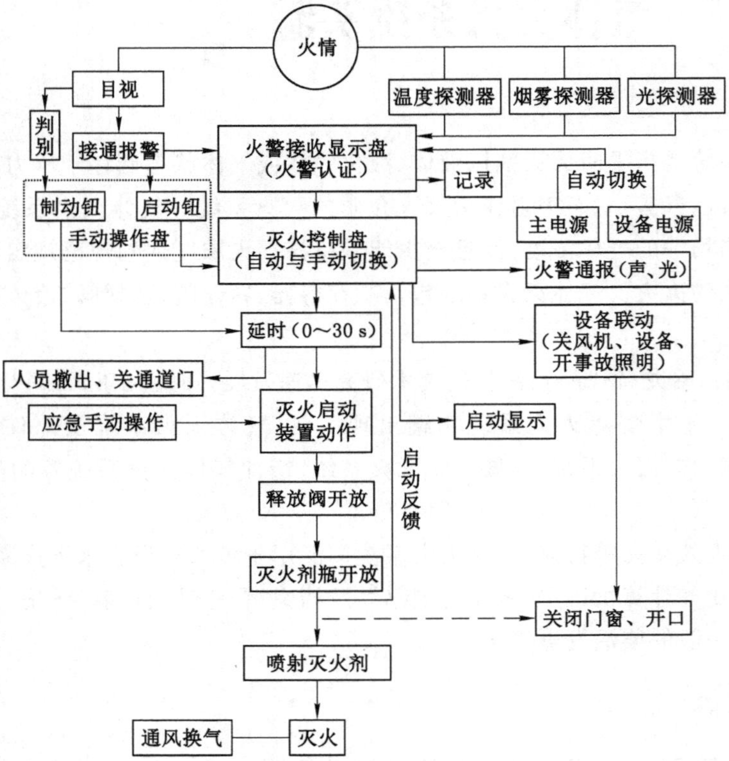

图 14-1 七氟丙烷灭火系统的程序控制

(1) 自动控制。应将灭火控制盘(或自动/手动转换装置)的控制方式选择键拨到"自动"位置。防护区有火灾发生时,火灾探测器接收到火情信息并经甄别后,由报警和灭火控制系统发出声、光报警及下达灭火指令。从而按下列程序工作:完成"联动设备"的启动(如停电、停止通风及关闭门窗等),延迟 0～30 s 通电打开电磁启动器;继而依次打开 N_2 启动瓶瓶头阀、分区选择阀和各七氟丙烷储瓶瓶头阀,释放七氟丙烷实施灭火。

(2) 手动控制。将灭火控制盘(或自动/手动转换装置)的控制方式选择键拨到"手动"位置,此时自动控制无法执行。人为发觉火灾或火灾报警系统发出火灾信息时,即可操作灭火控制盘(或自动/手动转换装置)上的灭火手动按钮,仍将按上述既定程序实施灭火。

一般情况,"手动控制"灭火指令大都在防护区现场执行。防护区门外设有手动控制盒。有的手动控制盒内还设紧急停止按钮,用它可停止执行"自动控制"灭火指令(应在延迟时间结束前)。

(3) 应急操作。假如火灾报警系统、灭火控制系统发生故障,不能投入工作,此时人为发现火情,欲启动灭火系统执行灭火行动,就应通知人员撤离防护区,人为启动“联动设备”;然后拔下电磁启动器上的保险盖,压下电磁铁芯轴。这样就打开了 N_2 启动瓶瓶头阀,继而像“自动控制”程序一样,会将相应的分区选择阀、七氟丙烷储瓶瓶头阀打开,释放七氟丙烷实施灭火。

三、实验仪器

七氟丙烷灭火系统有单元独立系统和组合分配系统两种形式。单元独立系统主要部件及管网示意图如图 14-2 所示。

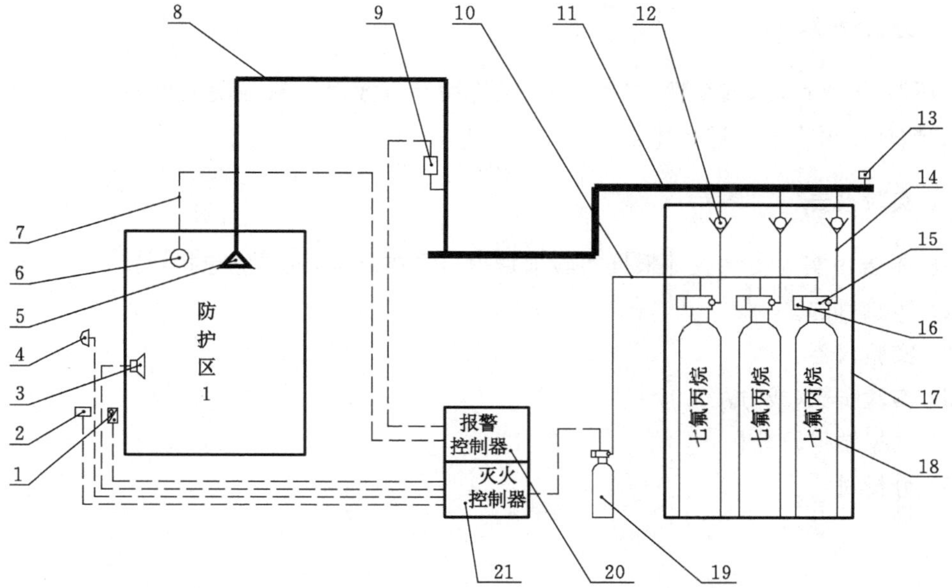

1—紧急启停按钮;2—放气指示灯;3—声报警器;4—光报警器;5—喷嘴;6—火灾探测器;
7—电气控制线路;8—灭火剂输送管道;9—信号反馈装置;10—启动管路;11—集流管;
12—灭火剂管路单向阀;13—安全泄压阀;14—压力软管;15—灭火剂储瓶瓶头阀;16—机械应急启动把手;
17—瓶组架;18—灭火剂容器;19—启动装置;20—报警控制器;21—灭火控制器。

图 14-2　七氟丙烷灭火系统(单元独立系统)示意图

四、实验内容与方法

(1) 将灭火控制盘(或自动/手动转换装置)上控制方式选择键拨到“自动”位置,灭火系统处于自动控制状态。

(2) 点燃油盘,火灾探测器发出火灾信号,报警控制器立即发出声、光报警信号,灭火控制器接收到两个独立的火灾报警信号,发出联动指令,关闭联动设备,经过 30 s 延时,发出灭火指令,打开与防护区域相应的电磁阀释放启动气体,启动气体通过启动管路打开相应的分区选择阀和灭火剂储瓶瓶头阀释放灭火剂,实施灭火。灭火完毕后,按下灭火控制盘(或手动/自动转换装置)上的紧急停止按钮。

(3) 将灭火控制盘(或手动/自动转换装置)上控制方式选择键拨到“手动”位置,灭火系统处于手动控制状态。

(4) 点燃油盘,可按下灭火控制盘(或手动/自动转换装置)上的灭火手动按钮即可按规定程序启动灭火系统释放灭火剂,实施灭火。灭火完毕后,按下灭火控制盘(或手动/自动转换装置)上的紧急停止按钮。

五、实验结果

观察并分析气体灭火系统灭火的过程。仔细观察七氟丙烷灭火系统主要组件,了解其相关技术参数,并掌握主要组件的作用。

六、分析讨论

从环保、灭火性能、安全性、二次损失、经济性等方面对七氟丙烷灭火系统、二氧化碳灭火系统、烟烙尽灭火系统进行比较。

七、实验报告

实验报告由实验指导教师根据实验项目提出具体要求,主要应包括:

(1) 实验目的。

(2) 实验仪器。

(3) 实验步骤(或方法)。

(4) 数据结果及分析。

(5) 分析讨论。

实验 15
铺地材料燃烧性能测定实验——辐射热源法

本实验为评定铺地材料燃烧性能的方法。该方法是在实验燃烧箱中，用小火焰点燃水平放置并暴露于倾斜的热辐射场中的铺地材料，评估其火焰传播能力。

本方法适用于各种铺地材料，如：纺织地毯、木板、橡胶板和塑料板及地板喷涂材料。其结果可反映出铺地材料（包括基材）的燃烧性能。背衬材料、底层材料或者铺地材料其他方面的改变都可能影响实验结果。

本实验适用于测试和描述在受控的实验室条件下铺地材料的燃烧性能。它不是单独用来描述和评估铺地材料在实际火灾条件下的火灾危险性的方法。

一、实验目的

(1) 通过铺地材料的燃烧性能实验，了解铺地材料燃烧性能的实验条件及过程。

(2) 选择不同的铺地材料，进行燃烧性能实验，对比不同材料的燃烧性能，考察阻燃效果。

二、实验仪器

实验装置结构图如图 15-1 所示。

模拟试样（校准板）是由厚(20±1)mm，密度(850±100)kg/m^3无涂覆层的硅酸钙板制成，尺寸为长(1 050 ±20)mm，宽(250±10)mm（图 15-2）。沿着中心线从试样零点开始，在 110 mm、210 mm 直到 910 mm 的位置开有直径为(26±1)mm 的圆孔。

三、试样制备

制取 6 个尺寸为(1 050±5)mm×(230±5)mm 的试样。一个方向制取 3 个（如生产方向），在该方向的垂直方向再制取另外 3 个试样。如果试样厚度超过 19 mm，长度可减小至(1 025±5)mm。

试样应该用同实际使用方式相同的方法安装在模拟实际地面的基材上。试样使用的黏合剂与实际应用的相比应具有一定代表性，如果实际应用时要使用某种特定的黏合剂，那么应在实验准备时选用该种黏合剂，否则应在报告中注明。作为试样一部分，背衬材料也应具

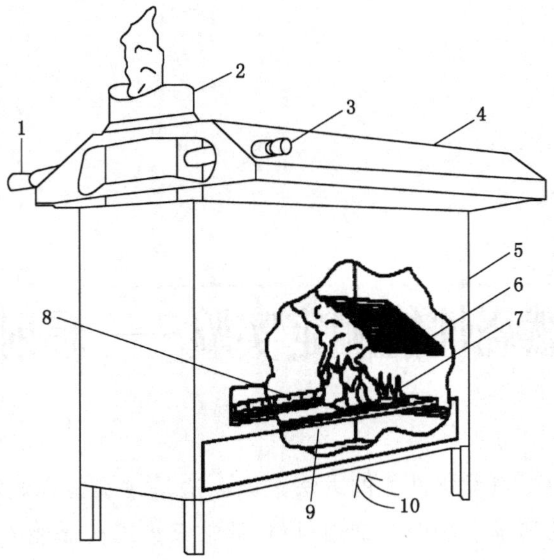

1—照明装置；2—排烟管道；3—光接收器；4—烟罩；5—实验箱；
6—辐射板；7—点火器喷出的引燃焰；8—钢尺；9—试样和试样夹具及滑动平台；10—空气入口。

图 15-1　实验装置透视图

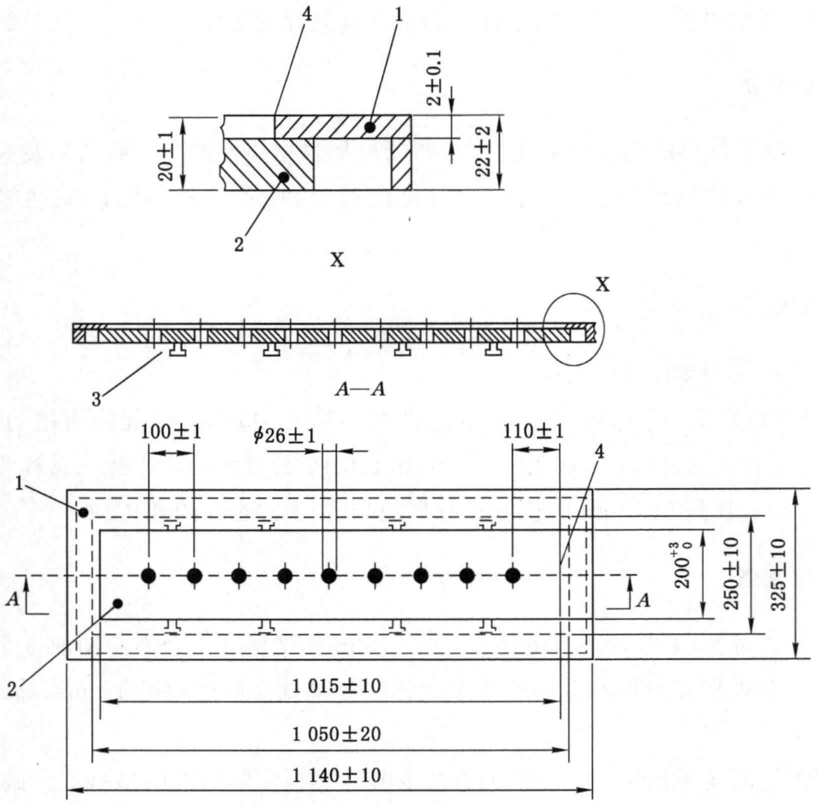

1—试样夹；2—模拟试样；3—固定夹；4—零点。

图 15-2　试样及试样夹具(没有钢尺)

有实际使用时的代表性。

如果试样由小块拼接而成，那么安装时应把接点放在离零点 250 mm 的地方，如果此小块不是黏合在一起的，那么试样边缘应该通过机械方式固定在基材上。

对于实验时会收缩而从试样夹具框上脱离的铺地材料，会因不同的安装方法而产生不同的实验结果。因此处于热辐射场中有热收缩趋势的铺地材料，应特别注意使用可靠的安装方法。

对于安装的补充细节，应参照相关产品的说明书。

当需检验铺地材料燃烧性能的耐久性时，进行材料的清洗和洗涤处理应参照相关产品说明书规定的程序进行。

四、实验内容与方法

1. 校准

(1) 在实验箱中，将滑动平台、模拟试样及夹具放置在实验位置，在排气扇打开、试样出入门关闭情况下测量箱体烟道内的气体流速，并调节使其满足(2.5±0.2)m/s，然后点燃辐射板。让辐射板加热至少 1 h，直到实验箱体温度稳定，在此过程中点火器应关闭。

(2) 用热通量计在 410 mm 的位置测量辐射通量。插入热通量计，让它的探测表面与模拟试样平行并高出 2～3 mm，30 s 后读数，如果辐射通量为(5.1±0.2)kW/m^2，则可以进行辐射通量曲线的校准。如果达不到，则需要调节辐射板的燃气/空气流量。热通量计在每一次新的读数前应让辐射板的燃气流量稳定至少 10 min。

(3) 测量辐射通量曲线。依次在每个孔中插入热通量计，起始点为 110 mm，终点为 910 mm。确保热通量计的探测面和测试时间满足上述步骤(2)的规定要求。在 910 mm 点测量完毕后，再在 410 mm 点测量辐射通量，检验在此测试过程中辐射通量是否在允许范围以内。

(4) 将辐射通量值和校准板上的每个长度值作为一组相关数据函数记录下来，通过这些数据点仔细地画一条平滑曲线，这条曲线应是辐射通量曲线(图 15-3)。

如果此辐射通量曲线在表 15-1 规定的范围内，那么实验装置的校准和辐射通量曲线标定应完成了。如果不在规定范围内，则需要调节燃气/空气流量，并至少稳定 10 min 确保实验箱体温度稳定。再按程序重复校准直到辐射通量曲线满足表 15-1 的要求。

要调节试样热端的辐射通量，通常是只需改变燃气流量，而调节试样冷端的辐射通量，可能需要同时改变燃气和空气的流量。

(5) 移走试样，关闭试样出入门，5 min 后测量辐射板的黑体温度和实验箱体温度，记录校准值。

2. 实验步骤

(1) 根据设定的排烟系统的空气流量，移走试样，关闭试样出入门，点燃辐射板，让装置预热至少 1 h，直到箱体温度稳定。

(2) 测量辐射板黑体温度。与校准时记录的温度相比较，黑体温度的偏差应在±5 ℃范围内，箱体温度偏差应在±10 ℃范围内。

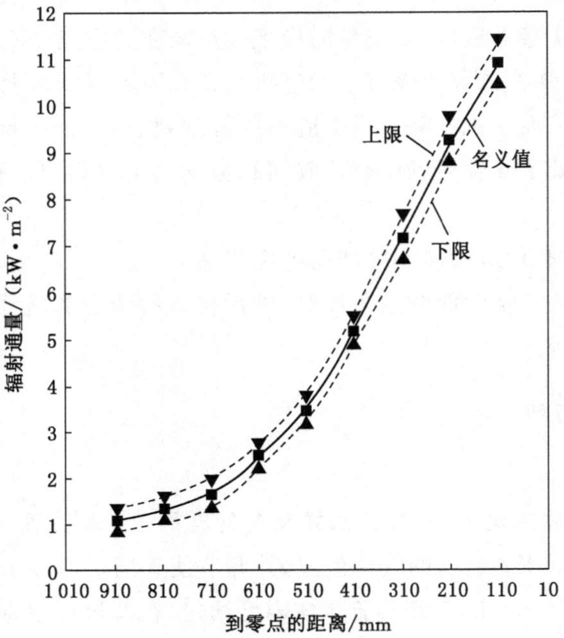

图 15-3 辐射通量曲线

表 15-1 校准热辐射通量分布要求

测试位置/mm	辐射通量(名义值)/($kW \cdot m^{-2}$)	允许误差/($kW \cdot m^{-2}$)
110	10.9	±0.4
210	9.2	±0.4
310	7.1	±0.4
410	5.1	±0.2
510	3.5	±0.2
610	2.5	±0.2
710	1.8	±0.2
810	1.4	±0.2
910	1.1	±0.2

如果黑体温度和箱体温度超出了给定的温度范围，那么应调整辐射板燃气/空气的输入量。在新的温度测试之前，实验装置需稳定至少 15 min，当实验温度达到给定温度要求时，就可进行实验了。

如果要测量烟气，那么调节测烟系统，使其输出值等于 100%。在实验之前，保证测试系统的稳定，否则进一步调整。用净化空气检查光源和观察系统，如果有必要可进一步调节使其满足要求。

(3) 将试样(包括它的底层材料和基材)安装在试样夹上。然后在组合件背后添加钢夹并紧固螺钉,或者根据试样特性及使用说明书使用其他方法安装。对于多层纺织地毯的实验,可在实验前使用真空吸尘器进行表面清洁。然后把试样安装在夹具内,再放在滑动平台上。

点燃点火器,让它离试样零点至少 50 mm,将滑动平台移入实验箱并立即关上试样出入门,实验开始,开启计时和记录装置。

保持点火器离试样零点至少 50 mm,预热 2 min 后,按规定让点火器火焰与距试样夹具内边缘 10 mm 的试样接触。让点火火焰与试样接触 10 min,然后移开点火器,让它离零点至少 50 mm,熄灭点火火焰。在实验过程中,辐射板燃气和空气应保持稳定。

(4) 实验开始后,每隔 10 min 观测火焰熄灭时火焰前端与试样零点前 10 mm 间的距离,观察并记录实验过程中明显的现象,比如闪燃、熔化、起泡、火焰熄灭后再燃时间和位置、火焰将试样烧穿等。

另外,记录下火焰到达每 50 mm 刻度时的时间和该时刻火焰前端到达的最远距离,精确到 10 mm。

实验应在进行 30 min 后结束。

(5) 若有需要,应按相关要求进行烟气测试。

(6) 测试某一方向和与这一方向垂直的两块试样。比较火焰熄灭处的辐射通量(CHF)和/或实验 30 min 时火焰传播到的最远位置处对应的辐射通量(HF-30)值,在测试值最低的那个方向再重复两次实验,总共需做 4 次实验。

(7) 黑体温度和箱体温度未达到步骤(2)的要求时,不能进行下一个实验。实验夹具在安装新试样时应达到室温。

五、实验结果

(1) 根据辐射通量曲线,将观察到的火焰传播距离换算成对应的辐射通量,计算临界辐射通量,精确到 0.2 kW/m^2。试样没有点燃或火焰传播距离没有超过 110 mm,它的临界辐射通量大于或等于 11 kW/m^2;试样火焰传播距离超过 910 mm 的,它的临界辐射通量小于 1.1 kW/m^2。由实验人员在实验 30 min 时将火焰熄灭的试样没有 CHF 值,它只有 HF-30 值。

(2) 报告的结果由 4 次实验的 CHF 和/或 HF-30 值,以及确切的现象描述共同来表示。对在同一个方向的 3 块试样,从实验数据中计算临界辐射通量平均值。当计算上面所述 3 块试样的临界辐射通量平均值时,CHF 和 HF-30 值都应包括。

(3) 对于实验持续时间超过 30 min 的试样,记录火焰熄灭时间和火焰传播的最远距离,并转化成 CHF 值。

(4) 为了确定实验开始 X 分钟时,试样上火焰传播最远位置处对应的辐射通量(HF-X)值,如 HF-10、HF-20、HF-30,记录火焰到达每 50 mm 刻度时的时间和每隔 10 min 火焰传播的距离,同时记录火焰熄灭时间和火焰传播的最远距离。

六、实验报告

实验报告由实验指导教师根据实验项目提出具体要求，主要应包括：

(1) 实验目的。

(2) 实验仪器。

(3) 实验步骤(或方法)。

(4) 数据结果及分析。

(5) 分析讨论。

实验 16
防火涂料阻火性能测定实验——小室燃烧法

涂于可燃材料表面的饰面型防火涂料其阻火性能是衡量防火涂料功能要求的重要指标。本方法是在实验室条件下测试涂覆于可燃基材表面防火涂料的阻火性能(以燃烧质量损失、炭化体积表示)。本方法适用于饰面型防火涂料阻火性能的测定。

一、实验目的

(1) 通过进行饰面型防火涂料阻火性能实验,直观地了解小室燃烧法测试防火涂料阻火性能的过程。

(2) 自由选择可燃建筑材料为基材,表面涂刷不同类型的饰面型防火涂料,进行阻火性能实验,对比不同类型防火涂料的阻火性能差异。

二、实验原理

防火涂料是用于可燃性基材表面,能降低被涂材料表面的可燃性、阻滞火灾的迅速蔓延,用以提高被涂材料耐火极限的一种特种涂料。

饰面型防火涂料是一种集装饰和防火为一体的新型涂料品种,当它涂覆于可燃基材上时,平时可起一定的装饰作用;一旦火灾发生时,则具有阻止火势蔓延,从而达到保护可燃基材的目的。

小室燃烧法适用于在实验室条件下测试涂覆于可燃基材表面防火涂料的阻火性能,测试结果以燃烧质量损失和炭化体积来表示。

三、实验仪器

(1) 小室燃烧箱。小室燃烧箱为一镶有玻璃门窗的金属板箱(图 16-1)。

(2) 试样支架。

(3) 燃烧杯。

(4) 天平(精度 0.1 g)。

(5) 钢板尺寸或游标卡尺(分度值 1 mm)。

(6) 滴定管或移液管(分度值 0.1 mL)。

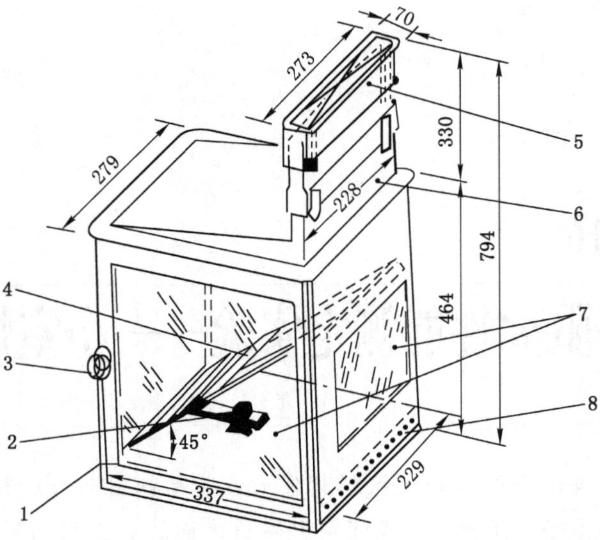

1—箱体；2—燃料杯；3—门销；4—试样支架；5—回风罩；6—烟囱；7—玻璃窗；8—进气孔。

图 16-1　小室燃烧箱示意图

四、试样制备

1. 基材的选择及尺寸

实验基材选用一级桦木五层胶合板或一级松木五层胶合板制成。尺寸为 300 mm×150 mm×(5±0.2)mm；试样表面应平整光滑，无节疤拼缝或其他缺陷。

2. 涂覆比值

试样为单面涂覆，湿涂覆比值为 250 g/m^2(不包括封边)，涂覆误差为规定值的±2%，先将防火涂料涂覆于试样四周封边，24 h 后再将防火涂料均匀地涂覆于试样的一表面。若需分次涂覆时，则两次涂覆的时间间隔不得小于 24 h，涂刷应均匀。

3. 状态调节

试样在涂覆防火涂料后应在温度(23±2)℃、相对湿度(50±5)%的条件下状态调节至质量恒定(相隔 24 h 前后两次称量的质量变化不大于 0.5%)。

五、实验内容与方法

(1) 将经过状态调节的试样置于(50±2)℃的烘箱中静置 40 h，取出冷却至室温，准确称量至 0.1 g。

(2) 将称量后的试样放在试样支架上，使其涂覆面向下。

(3) 用移液管或滴定管取 5 mL 化学纯级无水乙醇注入燃料杯中，将燃料杯放在基座上，使杯沿到试样受火面的最近垂直距离为 25 mm。点火、关门，实验持续到火焰自熄为止。实验过程中不应有强制通风。

(4) 每组实验应重复做 5 个试样。

六、实验结果

(1) 质量损失。将燃烧过的试样取出冷却至室温，准确称量至 0.1 g。对 5 个试样燃烧前后的质量损失取平均值，并保留到小数点后一位数，即为防火涂料试样的质量损失。

(2) 炭化体积。用锯子将烧过的试样沿着火焰延燃的最大长度、最大宽度线锯成 4 块。量出纵向、横向切口涂膜下面基材炭化(明显变黑)的长度、宽度，再量出最大的炭化深度，计算出炭化体积；对 5 个试样的炭化体积取平均值，并保留整数，即为防火涂料试样的炭化体积。炭化体积按公式(16-1)计算：

$$V = \frac{\sum_{i=1}^{n}(a_i b_i h_i)}{n} \tag{16-1}$$

式中　V——炭化体积，cm^3；

a_i——炭化长度，cm；

b_i——炭化宽度，cm；

h_i——炭化深度，cm；

n——试样个数。

(3) 若一组试样的标准偏差大于其平均质量损失(或平均炭化体积)的 10%，需加做 5 个试样，其质量损失(或炭化体积)应根据 10 个试样的平均值计算，标准偏差的计算公式见式(16-2)：

$$S = \sqrt{\sum_{i=1}^{n}(x_i - \overline{x})^2/(n-1)} \tag{16-2}$$

式中　S——标准偏差；

x_i——每个试样的质量损失(或炭化体积)值；

$\overline{x}$——一组试样的质量损失(或炭化体积)平均值；

n——试样个数。

七、分析讨论

(1) 通过实验发现造成不同类型防火涂料的阻火性能差异的主要因素有哪些?

(2) 涂刷防火涂料后的可燃材料与未涂防火涂料的可燃材料在燃烧现象上有什么不同?

八、实验报告

实验报告由实验指导教师根据实验项目提出具体要求，主要应包括：

(1) 实验目的。

(2) 实验仪器。

(3) 实验步骤(或方法)。

(4) 数据结果及分析。

(5) 分析讨论。

实验 17 防火涂料耐燃特性测定实验——大板燃烧法

建筑防火是消防科学技术的一个重要领域,而防火涂料又是防火建筑材料中的重要组成部分。防火涂料是用于可燃性基材表面,能降低被涂材料表面的可燃性、阻滞火灾的迅速蔓延,用以提高被涂材料耐火极限的一种特种涂料。按用途和使用对象的不同可分为:饰面型防火涂料、电缆防火涂料、钢结构防火涂料、预应力混凝土楼板防火涂料等。其中,饰面型防火涂料是涂覆于可燃基材(如木材、纤维板、纸板及制品)表面,具有一定的装饰作用,受火后能膨胀发泡形成隔热保护层的涂料。

防火涂料的防火性能包括耐燃时间、火焰传播比值、失重及炭化体积等指标。本实验是在实验室条件下,以规范《饰面型防火涂料》(GB 12441—2018)中的大板燃烧法,测试涂覆于可燃基材表面的饰面型防火涂料耐燃时间。

一、实验目的

(1) 掌握大板燃烧法测试涂覆于可燃基材表面的饰面型防火涂料耐燃特性的方法。

(2) 通过选择不同建筑材料,或自行制作复合材料,或对材料进行阻燃处理后进行燃烧性能实验,对比不同材料的耐燃特性,考察耐燃效果,了解防火涂料耐燃性能分级。

二、实验仪器

1. 实验室要求

(1) 实验室分为燃烧室和控制室两部分,两室之间设有观察窗。

(2) 燃烧室的长、宽、高限定为 3.0～4.5 m,实验架到墙的任何部位不得小于 900 mm。实验时,应无外界气流干扰。

2. 实验装置

实验装置由实验架、燃烧器、喷射吸气器等组成,如图 17-1 所示。

(1) 实验架。

实验架为 30 mm×30 mm 角钢构成的框架,其内部尺寸为 760 mm×760 mm×1 400 mm。框架下端脚高 100 mm,上端用于放置试样。

(2) 石棉压板。

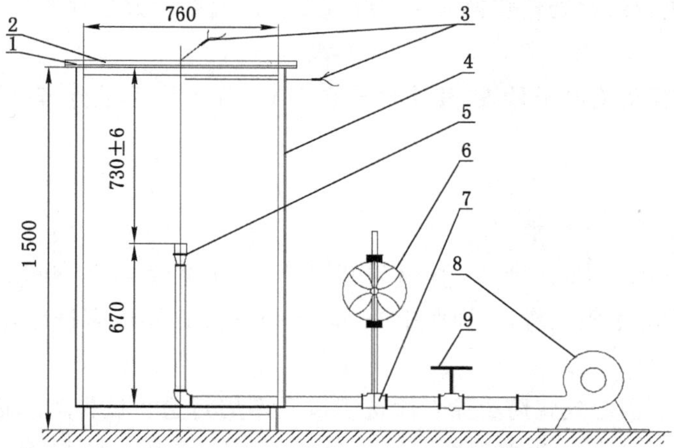

1—试样；2—石棉压板；3—热电偶；4—实验架；5—燃烧器；6—燃料气调节阀；
7—喷射吸气器；8—风机；9—空气调节阀。

图 17-1　大板燃烧法实验装置

石棉压板由 900 mm×900 mm×20 mm 石棉板制成，中心有一直径为 500 mm 的圆孔。

(3) 燃烧器。

① 燃烧器由内径 42 mm、壁厚 3 mm、高 42 mm 以及内径 28 mm、壁厚 7 mm、高 25 mm 的两个铜套管组合而成，两个铜套管的外端面平行，同时在内铜套管的端面均匀分布 4 个内径为 2 mm 的小孔。

② 燃烧器安装在公称直径为 40 mm×32 mm 变径直通管接头上。燃烧器口到试样的距离为(730±6)mm。

(4) 喷射吸气器。

喷射吸气器由公称直径为 32 mm×32 mm×15 mm 变径三通管接头以及旋入三通管接头一端的喷嘴所组成，喷嘴长 54 mm，中心孔径为 14 mm。

(5) 鼓风机。

鼓风机风量为 1～5 m^3/min。

3. 燃料

燃料采用液化石油气或丙烷气。

4. 调控装置

调控装置由热电偶和温度记录装置组成。

(1) 热电偶。

温度监控均采用精度不低于Ⅱ级、K 分度的热电偶。其中，用于火焰温度监控应采用外径不大于 3 mm 的铠装热电偶；用于试样背火面温度测试应采用丝径不大于 0.5 mm 的热电偶，其热接点应焊接在直径为 12 mm，厚度为 0.2 mm 的铜片中心位置。

(2) 温度记录装置。

将热电偶产生的毫伏信号送至信号调理板，通过数据采集卡将模拟信号转换为数字信号，然后由计算机进行编程处理转换成相应的温度值。温度读数分辨率为 1 ℃。

5. 计时器

计时器采用计算机或电子秒表，其计时误差不大于 1 s/h，读数分辨率为 1 s。

三、试样制备

1. 实验基材的选择及尺寸

实验基材为一级三层胶合板，基材厚度为(5±0.2)mm，试样尺寸为 900 mm×900 mm。试样表面应平整光滑，一面距中心 250 mm 平面内不应有拼缝和节疤。

2. 涂覆比值

涂覆在试样表面前应先将防火涂料涂覆于试样四周封边。试样为单面涂覆，涂覆应均匀，湿涂覆比值为 500 g/m^3，涂覆误差为规定值的±2%。若需分次涂覆，则两次涂覆的间隔时间不得小于 24 h。

四、实验内容与方法

(1) 检查热电偶及计算机系统工作是否正常。

(2) 将经过状态调节至质量恒定的试样水平放置于实验架上，使涂有防火涂料的一面向下，试样中心正对燃烧器，其背面压上石棉压板。

(3) 将测量火焰温度的铠装热电偶水平放置于试样下方，其热接点距试样受火面中心 50 mm(实验中，若涂料发泡膨胀厚度大于 50 mm 时，可将热电偶垂直向下移动直至热接点露出发泡层)。再将测背火面温度的 5 支铜片表面热电偶放置于试样背火面，其中 1 支铜片表面热电偶放置于试样背火面对角线交叉点，另外 4 支铜片表面热电偶分别放置于试样背火面离交叉点 100 mm 的对角线上(图 17-2)。每个铜片上应覆盖 30 mm×30 mm×2 mm 石棉板一块，石棉板应与试样紧贴，并以适当方式固定，不应压其他物体。

(4) 开启计算机测试系统，然后开启空气调节阀和燃气调节阀，在点燃燃气的同时启动计算机测试系统并开始计时。观察实验现象，计算机测试系统每分钟采集一次火焰温度和试样背火面温度。实验采用的燃气如果为液化石油气，当实验进行至 5 min 时，燃气供给量应为(15±0.4)L/min。然后通过调节空气供给量来控制火焰温度，整个实验过程按照时间-温度标准曲线(图 17-3)进行升温，当试样背火面任何 1 支铜片表面热电偶温度达到 220 ℃ 或试样背火面出现穿火时，关闭空气调节阀和燃气调节阀，计算机测试系统应自动记录实验时间。

整个实验过程的火焰温升($T-T_0$)按式(17-1)计算：

$$T - T_0 = 345\lg(8t + 1) \tag{17-1}$$

式中 T——t 时的火焰温度，℃；

T_0——实验开始时的环境温度，℃；

t——实验经历的时间，min。

(5) 每完成一次实验后，应等待室温降至 40 ℃以下时，方可进行下次实验。

(6) 此实验再做 3 个重复试样。

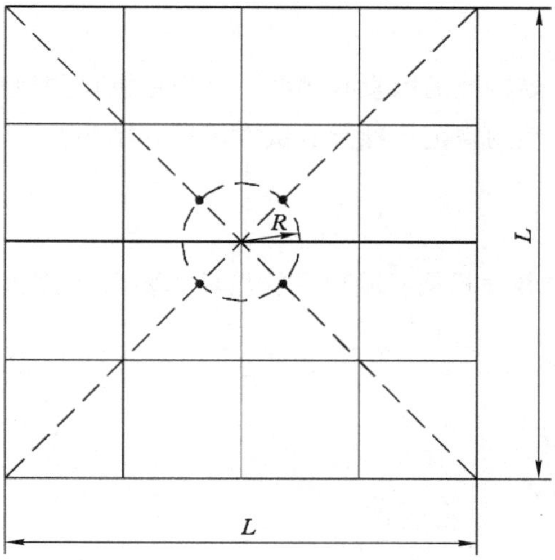

·—背火面热电偶放置位置；R—背火面热电偶位置与试样对角线交叉点的间距，

R=100 mm；L—试样尺寸，L=900 mm。

图 17-2　背火面热电偶放置位置

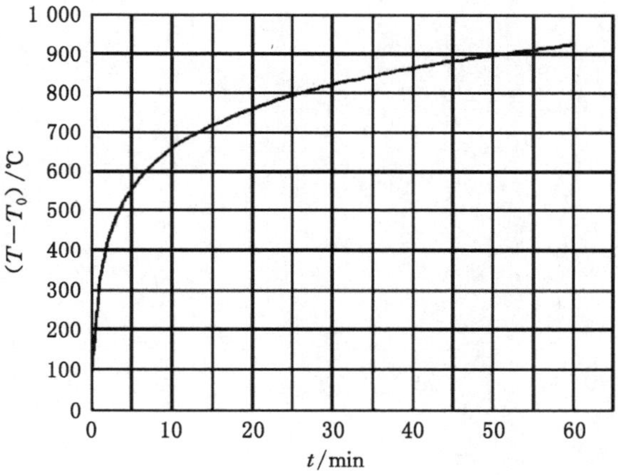

图 17-3　时间-温度标准曲线

五、实验结果

本实验的实验结果主要是计算 3 个重复试样耐燃时间的平均值。对 3 个试样燃烧时间的平均值取整(舍去小数部分)，即得到耐燃时间，单位为 min。

饰面型防火涂料的耐燃时间依照《饰面型防火涂料》(GB 12441—2018)应不小于 15 min，试判断所测试样是否符合规范标准。

六、分析讨论

(1) 影响建筑材料耐燃特性的因素有哪些？其作用机理如何？
(2) 关于材料耐燃特性的规范标准和测试方法还有哪些？

七、实验报告

实验报告由实验指导教师根据实验项目提出具体要求，主要应包括：
(1) 实验目的。
(2) 实验仪器。
(3) 实验步骤(或方法)。
(4) 数据结果及分析。
(5) 分析讨论。

实验 18

单室火灾烟气流动特点模拟实验

国内外的大量火灾表明，火灾中产生的烟气，其遮光性、毒性和高温的影响是造成火灾人员伤亡的最主要因素。为确保人员的安全疏散以及消防救援的顺利进行，组织合理的烟气控制方式，建立有效的烟气控制设施是十分必要的。本实验开展单室火灾烟气流动特点模拟实验，研究火灾烟气蔓延过程和影响因素。

数值模拟研究相较于实验研究不仅能够大幅度降低成本，而且能够获得时间和空间上更为全面的数据，因此本实验采用数值模拟的方法。

一、实验目的

(1) 建立模型并掌握火灾烟气模拟方法；学会设计实验内容，设置不同工况进行分析。

(2) 了解简单建筑结构内火灾烟气蔓延过程。

(3) 了解开口位置和数量对烟气的影响。

二、实验原理

浮力是烟气流动的主要驱动力，若火灾发生在建筑物或其他受限空间中，烟气的流动会受到建筑结构、开口和通风条件等的限制。这些因素的作用使建筑物中的烟气流动呈现出一些典型特征，如浮力羽流、顶棚射流、开口通风流动以及墙壁附近流动等。

火灾中，烟气羽流上升撞击顶棚后沿顶棚以下水平运动，形成顶棚射流，在火灾初期可以观察到顶棚射流在顶棚与静止环境空气之间热烟气层迅速流动的情况。由于烟气层的下边界上发生空气卷吸，烟气层在流动过程中会逐渐变厚。烟气在走廊中的流动有两个特点：烟气在上层流动，空气在下层流动，如果没有干扰的话会持续很长一段距离；烟气层的厚度在一定的流程内维持不变，经过较长流程后，两侧烟气沿壁面下降，在走廊断面中部保留一个空气流股。

在实验房间中放入燃烧物，使感温或感烟探测器发生感应，探测器亦可以与喷淋系统、防排烟系统进行联动设置。

三、软件介绍

火灾动力学模拟器 FDS(fire dynamics simulator)是由美国国家标准与技术研究院

(National Institute of Standards and Technology, NIST)和建筑火灾实验室(Building and Fire Research Laboratory, BFRL)共同开发的基于场模拟的一款计算机流体力学(CFD)程序。FDS是国内外学者研究火灾最常用的数值模拟软件之一。软件采用数值方法求解一组描述热驱动的低速流动的Navier-Stokes(纳维-斯托克斯)方程,重点是计算火灾中的烟气流动和热传递过程。该软件把设定空间分成多个小的三维矩形控制体或计算单元,计算每个单元内气体密度、速度、温度、压力和组分浓度,用质量守恒、动量守恒和能量守恒的偏微分方程来近似有限差分,通过对同一网格使用有限体积技术来计算热辐射、追踪预测火灾气体的产生和移动,并结合家具、墙壁、地板和顶棚的材料特性来计算火灾气体的生成和蔓延。

由于FDS软件建模过程操作烦琐且过程不可见,美国Thunderhead Engineering公司集成了FDS和Smokeview程序,研制了为用户提供可视化的图形操作界面的PyroSim,它可以有效地创建复杂结构的输入几何体,大幅简化了FDS和Smokeview程序的使用过程。

四、实验内容与方法

(1) 自行设计并建立简单的建筑结构模型,可以是房间-走廊型结构(图18-1),具有固定开口和可调节开口。

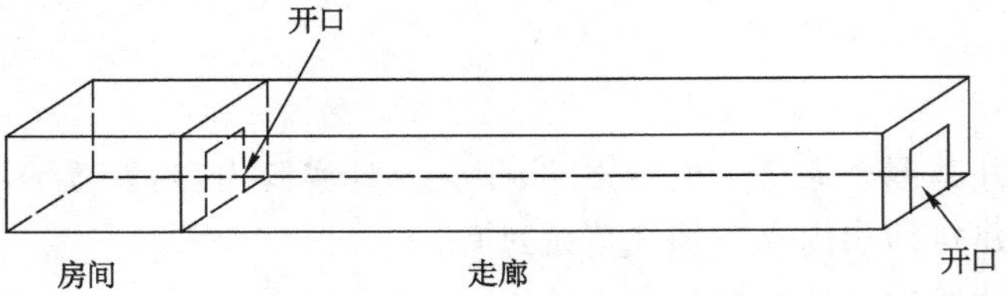

图18-1 房间-走廊型结构简图

(2) 在合适位置设置感温探测器(heat dtector)或感烟探测器(smoke detector),并将探测器与可调节开口进行连接。连接方式为:选择左侧的"Controls"→点击"New"添加新的控制→设置感温探测器或感烟探测器与可调节开口进行连接(图18-2)。范例设置结果:当感温探测器报警时,开口(window1)打开,响应时间延迟为0。

(3) 在模型中放入火源并设置合适的Mesh。Mesh应覆盖所有需要观测的位置。Mesh网格不应太精细,否则运行耗时会过长;也不宜太粗糙,否则会影响模拟精度。若最终网格过多,可以通过将Mesh切分来提高效率。切分后数量不能超过模拟运行的计算机的处理器的数量。计算机处理数量查看方法:"任务管理器"—"性能"—"逻辑处理器数量"。

(4) 设置烟气探测柱,用于探测烟气层厚度。

(5) 运行模型,设置多个Mesh的模型应该点击"Run FDS Parallel"开始并行计算。整理保存模拟数据。

(6) 将所有可调节开口打开/关闭,再次运行模型。

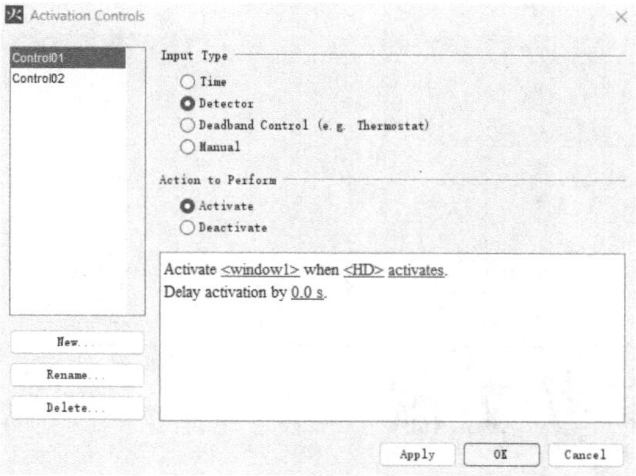

图 18-2　探测器与可调节开口进行连接

五、实验结果

记录并分析不同工况的模拟现象和模拟数据：

（1）记录并分析烟气蔓延过程。

（2）分析开口情况对烟气蔓延过程的影响。

（3）分析开口情况对烟气层厚度的影响。

（4）分析开口情况对感温或感烟探测器发出报警信号的影响。

六、分析讨论

（1）若改变顶棚的形状，如尖顶形的顶棚，此时火灾烟气蔓延的特点与平顶房间的蔓延特点有何不同？是否还存在顶棚射流？

（2）模拟实验如果没有成功，或实验现象不够明显，请分析失败原因，提出进一步改进的思路。

（3）影响火灾烟气流动的主要因素有哪些？

七、实验报告

实验报告由实验指导教师根据实验项目提出具体要求，主要应包括：

（1）实验目的。

（2）实验仪器。

（3）实验步骤（或方法）。

（4）数据结果及分析。

（5）分析讨论。

参考文献

[1] 安伟光. PS 建筑外墙保温材料燃烧及火蔓延行为研究[D]. 合肥：中国科学技术大学，2015.

[2] 陈瑞芝，申晓莉. 稀溶液与固体反应焓变的测量和校准[J]. 化学教学，2014(4)：48-51.

[3] 邓东. 固定式高压单相流细水雾灭火系统研究[D]. 杭州：浙江大学，2006.

[4] 樊嘉欣，王蓓蓓，黄浩. 热工实验实训指导[M]. 银川：阳光出版社，2010.

[5] 范传刚. 隧道火灾发展特性及竖井自然排烟方法研究[D]. 合肥：中国科学技术大学，2015.

[6] 冯厚宁. 大跨度钢结构项目施工阶段风险评价研究[D]. 兰州：兰州交通大学，2022.

[7] 韩修林，孙梅娟，丁智勇. 固体比热容测定实验的研究[J]. 阜阳师范学院学报(自然科学版)，2010，27(3)：10-13.

[8] 胡隆华. 隧道火灾烟气蔓延的热物理特性研究[D]. 合肥：中国科学技术大学，2006.

[9] 金杨，张军. 燃烧与阻燃实验[M]. 北京：化学工业出版社，2018.

[10] 陆子凤. 红外热像仪的辐射定标和测温误差分析[D]. 长春：中国科学院研究生院(长春光学精密机械与物理研究所)，2010.

[11] 欧育湘，李建军. 材料阻燃性能测试方法[M]. 北京：化学工业出版社，2007.

[12] 裴晓东，王亮，秦波涛. 安全基础实验[M]. 徐州：中国矿业大学出版社，2018.

[13] 索在斌. 工作面进风巷下行风流火灾数值模拟及风流控制研究[D]. 太原：太原理工大学，2019.

[14] 万灏，王一诺. 经典羽流模型分析[J]. 消防科学与技术，2018，37(9)：1201-1203.

[15] 王永辉，郑丽云. 水平垂直燃烧仪测试技术现状及探讨[J]. 中国质量技术监督，2017(3)：51-53.

[16] 肖光宏. 钢结构[M]. 重庆：重庆大学出版社，2011.

[17] 闫艳，隋学敏. 热流密度测量技术现状和发展概述[J]. 节能，2016，35(1)：4-9，2.

[18] 杨超舜，侯泉文，尹剑波. 混合法测比热容实验作图外推法的理论依据[J]. 物理与工程，2018，28(增刊1)：189-190.

[19] 杨健，陈伯辉. 安全工程实验[M]. 北京：化学工业出版社，2019.

[20] 杨守生. 消防工程专业实验[M]. 北京:中国人民公安大学出版社,2012.

[21] 易杰. 水平垂直燃烧试验仪校准方法的研究[J]. 计量与测试技术,2019,46(11):61-64.

[22] 英克鲁佩勒,德维特,伯格曼,等. 传热和传质基本原理:第6版[M]. 葛新石,叶宏,译. 北京:化学工业出版社,2007.

[23] 张新中,桂林,孙凌帆. 消防工程实验理论与技术[M]. 郑州:黄河水利出版社,2009.

[24] 赵成刚,曾绪斌,邓小兵,等. 建筑材料及制品燃烧性能分级评价[M]. 北京:中国标准出版社,2007.

[25] 中国标准出版社. 建筑材料燃烧性能试验方法标准汇编[M]. 2版. 北京:中国标准出版社,2013.

[26] 周延,宋双林,郭江炜,等. 并联旁侧支路风流逆转次序的实验研究[J]. 中国矿业大学学报,2009,38(4):467-470,493.

[27] HUGGETT C. Estimation of rate of heat release by means of oxygen consumption measurements[J]. Fire and materials,1980,4(2):61-65.

[28] QUINTIERE J G. A theoretical basis for flammability properties[J]. Fire and materials,2006,30(3):175-214.

[29] QUINTIERE J G. Fundamentals of fire phenomena[M]. Chichester:John Wiley and sons limited,2006.

[30] THORNTON W M. The relation of oxygen to the heat of combustion of organic compounds[J]. The London, Edinburgh, and Dublin philosophical magazine and journal of science:series 6,1917,33(194):196-203.